Barbara Veit

Tatort Umwelt:

Gift im Busch

Eine Kriminalgeschichte

W0271595

Ravensburger Buchverlag

Dieser Band ist auf 100 % Recyclingpapier gedruckt. Bei der Herstellung des Papiers wird keine Chlorbleiche verwendet.

Originalausgabe
als Ravensburger Taschenbuch Band 1947,
erschienen 1995
© Ravensburger Buchverlag

Umschlagzeichnung: Michael Keller

Alle Rechte vorbehalten durch
Ravensburger Buchverlag
Gesamtherstellung: Ebner Ulm
Printed in Germany

5 4 3 2 1 99 98 97 96 95

ISBN 3-473-51947-2

Der Dingo hob lauschend den Kopf und starrte ins Halbdunkel. Ein leises Grollen wuchs aus seiner Kehle, seine Muskeln spannten sich, und er verließ mit einem Sprung den warmen Schlafplatz an Budjirindjias Seite. Der junge Aborigine rollte sich im Schlaf zusammen und seufzte tief. Sein Hund aber lief zur Tür. Er legte den Kopf schief, spitzte die Ohren, heulte dann heiser und kratzte an der Schwelle.

Budjirindjia murrte im Halbschlaf, doch der Wildhund ließ nicht locker. Er lief zum Lager zurück und stupste den Jungen mit seiner feuchten Schnauze ins Gesicht.

»Geh weg!« murmelte Budjirindjia und öffnete kurz die Augen. »Schlaf weiter! Es ist ja noch ganz dunkel!«

Der Dingo winselte und zerrte an der Decke des Jungen.

»Sei still, du weckst noch alle auf«, flüsterte Budjirindjia.

Doch der Hund kratzte erneut an der Tür. Widerwillig stand der Junge endlich auf und öffnete die Tür. Der Dingo schoß hinaus und verschwand in der Dunkelheit.

Budjirindjia lauschte. In der Ferne war Motorengeräusch zu hören. Ein Wagen, der sich rasch entfernte. Dann war es wieder still. Budjirindjia atmete die kühle Luft tief ein. Es roch nach Eukalyptus. Hinter den hohen Karribäumen leuchtete ein roter Streifen am Himmel. Die Sonne würde bald aufgehen. In diesem Augenblick begannnen die Krähen ihren Morgengesang. Ihr glucksendes Flöten füllte die Stille. Der Dingo kehrte zurück und blieb hechelnd neben dem Jungen stehen.

Budjirindjia überlegte kurz, wer wohl so früh am Morgen an ihrem Dorf vorübergefahren war.
Wahrscheinlich Jäger, dachte er und streichelte den Hund.

»Nein!« sagte Kommissar Philip Sternberg entsetzt.
Mit den Fingern seiner rechten Hand kämmte er heftig seinen dichten Schnurrbart. Mit der Linken tastete er über seinen Rücken, der sich plötzlich schmerzhaft meldete, obwohl der Kommissar in einem ziemlich bequemen Sessel saß. Zwischen ihm und seinem Vorgesetzten erstreckte sich ein riesiger, ziemlich leerer Schreibtisch. Der Leiter der deutschen Umweltpolizei schickte einen Seufzer über die Schreibtischplatte.
»Nein!« wiederholte Sternberg. »Ich sehe überhaupt nicht ein, warum ausgerechnet ich nach Indonesien fliegen soll. Sie können Frau Baran schicken oder irgendeinen anderen aus unserem Dezernat, aber nicht mich! Sie wissen ganz genau, daß ich derzeit an mehreren wichtigen Fällen arbeite.«
Polizeipräsident Burger lächelte unmerklich.
»Machen Sie sich nicht lächerlich, Sternberg«, antwortete er. »Ihre wichtigen Fälle kann ebensogut Frau Baran übernehmen. Zufällig weiß ich nämlich, daß es sich um Bagatellfälle handelt. Ich möchte, daß Sie fliegen, denn Sie haben gute Kontakte zu Greenpeace, und außerdem fallen die illegalen Ausfuhren von Plastikmüll in Ihren Bereich.«
Sternberg starrte auf die glänzende Schreibtischplatte.
»Das bedeutet noch lange nicht, daß ich eine völlig sinn-

lose Flugreise ans Ende der Welt machen muß. Der Fall kann auch von hier aus abgeschlossen werden. Greenpeace hat den Plastikmüll entdeckt und bringt das Zeug zurück. Warum muß ich noch dort herumstolpern?«
Burger lehnte sich über seinen Schreibtisch, streckte einen Arm aus und wies mit dem Finger auf Sternberg.
»Jetzt«, sagte er mit einem fast väterlichen Lachen, »jetzt kommen wir der Sache schon näher. Glauben Sie, lieber Sternberg, ich wüßte nichts von Ihrer Flugangst? Schließlich arbeiten wir schon seit Jahren zusammen. Sie kennen meine Magenprobleme und ich Ihre Flugangst. Allerdings ist mein Magen erheblich besser geworden, was man von Ihrer Flugangst nicht sagen kann.«
Sternberg runzelte die Stirn. Er mochte es nicht besonders, wenn Burger so persönlich wurde.
»Ich denke, das ist meine Angelegenheit«, murmelte er abwehrend.
»Natürlich, natürlich!« rief Burger und stand auf.
Er ging zum Fenster und schaute über die Dächer Münchens.
»Es ist nur dann nicht mehr Ihre Angelegenheit, wenn es unsere Arbeit behindert!« Burgers Tonfall war plötzlich nicht mehr freundschaftlich, sondern boshaft.
Das ist es, dachte Sternberg, genau das habe ich vermutet. Er ist nicht besorgt oder menschlich interessiert. Er will mir eins auswischen.
Burger verschränkte die Hände hinter seinem Rücken und wandte sich ruckartig zu Sternberg um.
»Ich erteile Ihnen hiermit die dienstliche Anweisung, nach Jakarta zu fliegen und diesen Plastikskandal zu einem einigermaßen würdevollen Abschluß zu bringen.«
Sternberg umfaßte beide Knie mit seinen Händen.
»Ein Befehl?« fragte er.
»Ein Befehl!« antwortete Burger, ging zum Schreibtisch

und holte ein Röhrchen mit Magentabletten aus der Schublade.
»Ich wollte eigentlich Urlaub nehmen«, wandte Sternberg ein.
»Machen Sie doch Urlaub in Indonesien«, grinste Burger und kaute heftig auf seiner Tablette.

Umweltkommissarin Carla Baran kämpfte. Allerdings nicht mit einem Gegner, sondern mit einem Anfall von Gelächter. Sie zog die Nase kraus, kniff ihre Lippen zusammen, schüttelte ihr Haar, das ein wenig ungekämmt aussah, wie immer am Morgen. Sie saß an ihrem Schreibtisch und beobachtete Philip Sternberg, der mit großen Schritten auf und ab ging.
»Dieser miese kleine Beamte!« schimpfte Sternberg. »Er hat nur darauf gewartet, mich endlich reinzulegen. Ich weiß, daß er meine Eigenmächtigkeit haßt. Und nun will er mich nach Indonesien schicken, obwohl er weiß, daß ich dort wahrscheinlich überhaupt nichts tun kann. Sonst ist er geizig und denkt zehnmal nach, ehe er eine Dienstreise bewilligt. Aber einen Flug nach Indonesien, den bezahlt er ganz locker aus der Tasche der Steuerzahler!«
Der Kommissar zupfte nervös am Kragen seines Jeanshemdes. Dann wandte er sich zu Carla um, denn die hatte ein seltsames Geräusch von sich gegeben: eine Mischung aus Glucksen, Prusten und Keuchen.
Carla hielt beide Hände vor ihren Mund gepreßt. Als sie Sternbergs fragendes Gesicht sah, verlor sie den Rest ihrer Selbstbeherrschung und lachte los. Sternberg starrte sie ein Weile grimmig an, ließ sich dann in einen Stuhl fallen und wartete auf das Ende des Heiterkeitsausbruchs. Carla

zog ein Taschentuch aus ihrer Schreibtischschublade und trocknete sorgfältig ihre Augen, um die Wimperntusche nicht zu verschmieren.

»Kannst du mir jetzt erklären, was so ungeheuer komisch ist?« fragte Sternberg.

»Du!« antwortete Carla.

»Danke!« sagte Sternberg beleidigt. »Und warum?«

»Oh, Philip! Ich kenne dich ziemlich gut. Ich weiß, was Flugzeuge für dich bedeuten. Es sind wahre Höllenmaschinen. Ich habe mir eben vorgestellt, wie du einen Flug von etwa 18 Stunden überstehen wirst. Und ich finde es wirklich komisch!«

Sternberg runzelte die Stirn, doch in seinen Augenwinkeln zuckten die kleinen Fältchen.

»Du machst dich also über die tiefen Ängste eines treuen Kollegen lustig. Ich hatte gehofft, daß wenigstens du mich verstehen würdest, aber leider bist du auch nicht besser als Burger!«

Carla kicherte schon wieder.

»Du armer, unverstandener Held«, sagte sie spöttisch.

Unvermittelt lächelte Sternberg ebenfalls, doch dann wurde er wieder ernst.

»Ich brauche deinen Rat, Carla. Noch nie war ich so lange in der Luft. Ich muß mit dieser Reise etwas Sinnvolles anfangen, sonst melde ich mich krank!«

»So schlimm ist es?« fragte Carla und wurde ebenfalls ernst.

»Ja«, antwortete Sternberg leise und fügte nach einer Weile hinzu, »da ist so ein nagendes Gefühl in meinem Bauch. Es ist ungefähr so, als würde ich freiwillig von einem Hochhaus springen. Jedesmal, wenn ich in ein Flugzeug steige, bin ich ganz sicher, daß ich abstürzen werde. Wenn ich lande, dann bin ich total verblüfft, daß ich noch lebe.«

Carla schüttelte den Kopf.

»Wahrscheinlich hilft nur eins: Du mußt einfach ganz viel und ganz lange fliegen.«

»Aber da ist noch etwas«, warf Sternberg ein. »Fliegen ist schädlich für die Umwelt. Flugzeuge verbrauchen Unmengen von Treibstoff, verpesten die oberen Luftschichten und tragen zum Treibhauseffekt bei. Der Bau von Flughäfen verschlingt enorme Mengen Land . . .«

»Ja,ja«, unterbrach ihn Carla. »Autos sind noch schlimmer, und trotzdem fährst du deinen Dienstwagen. Wenn du nicht fliegst, dann startet die Maschine nach Jakarta trotzdem.«

Sternberg breitete die Arme aus.

»Du hast ja recht«, seufzte er.

»Außerdem«, fuhr Carla fort, »finde ich es wirklich wichtig, daß jemand von uns diesen Fall in Indonesien noch einmal genau unter die Lupe nimmt. Sieh mal, es ist eine ungeheure Schweinerei, daß Plastikmüll, den brave Bürger bei uns sorgfältig sammeln und in die Recyclingcontainer werfen, einfach tonnenweise ans andere Ende der Welt verschickt wird. Ich habe Fotos davon gesehen. Aber wenn du davorstehen wirst, dann wird es noch ganz anders sein als auf Fotos. Außerdem sollte nicht immer Greenpeace die heißen Kartoffeln aus dem Feuer holen. Es ist unsere Aufgabe, sonst können wir unsere tolle Umweltzentrale gleich dichtmachen. Es ist sowieso ein Skandal, daß Greenpeace ein Schiff chartert, um deutschen Dreck zurückzuholen. Das ist Aufgabe der Bundesregierung. Schon deshalb mußt du hinfahren!«

Sternberg lachte plötzlich.

»Ist aber billiger für die Steuerzahler, wenn Greenpeace das bezahlt.«

»Sehr witzig«, sagte Carla. Sie wickelte eine Locke ihres dunkelbraunen Haars um einen Finger.

»Sag mal! Hast du nicht einen alten Schulfreund in

Australien? Du wolltest doch Urlaub machen. Wenn du schon in Indonesien bist, dann flieg doch gleich weiter und mach Urlaub in Australien.«
»Um Gottes willen«, wehrte Sternberg ab. »Dann muß ich die ganze Strecke ja wieder zurückfliegen. Meinst du nicht, das ist ein bißchen viel auf einmal?«
»Finde ich überhaupt nicht!« entgegnete Carla. »Wenn schon, denn schon. Es handelt sich um eine völlig abgeschlossene Anti-Flugangst-Therapie.«
»Ja, wenn du mitkommen würdest, um meine Hand zu halten«, grinste Sternberg.

Kurze Zeit später saß Philip Sternberg in seinem Büro und studierte die Akten der Plastikmüllausfuhr nach Indonesien. Doch seine Gedanken schweiften ständig ab.
Warum haben sie das Zeug nicht gleich zum Südpol gebracht? dachte er. Das ganze Geschäft ist total verrückt. Wir produzieren Unmengen von Plastikmüll, sammeln ihn wieder ein und wissen nicht, wohin damit. Und dann bietet sich Indonesien an – wieso eigentlich? Das geht aus den Akten nicht hervor. Hauptsache, das Zeug ist weg aus Deutschland.
Sternberg stand auf und ging wieder hin und her.
Eine Sache ist unklar, dachte er weiter. Wo liegt der Gewinn? Irgend jemand muß an der Sache verdient haben. Es kostet doch eine Menge Geld, Schiffe um die halbe Welt zu schicken. Und wenn in Indonesien kein Bedarf an Plastikrohstoff bestand, dann haben die sicher auch nicht bezahlt. Ich muß bei Greenpeace anrufen. Vielleicht wissen die mehr!

Plötzlich ärgerte er sich, daß die Umweltorganisation häufig mehr wußte als die Umweltzentrale der Polizei. Er nahm die Gießkanne vom Regal und gab den großen Topfpflanzen vor dem Fenster ein wenig Wasser. Das Telefon begann zu schnarren. Sternberg mochte den Ton seines Telefons nicht, dieses unpersönliche,elektronische Schnarren. Widerwillig nahm er den Hörer ab.
»Wann wollen Sie fliegen? Morgen, übermorgen oder in drei Tagen?«
Sternberg schwieg. Es war Burgers Sekretärin. Der Leiter der Umweltzentrale wollte also ganz sichergehen. Er hatte seine eigene Sekretärin mit der Buchung des Flugs beauftragt. Sternberg fühlte sich entmündigt.
»Hören Sie«, sagte er ärgerlich. »Ich werde den Flug selbst buchen, weil ich vermutlich noch einen Anschlußflug brauche.«
»Dienstflüge müssen immer über das Sekretariat gebucht werden«, antwortete Burgers Sekretärin unfreundlich.
Sternberg schnitt eine Grimasse.
»Dann buchen Sie nur, buchen Sie!« rief er. »Aber den Rückflug lassen Sie bitte offen, ist das klar?«
»Wollen Sie denn da unten bleiben? Ich glaube, da ist es ziemlich heiß!«
»Wenn ich Ihre reizende Stimme höre, dann habe ich jetzt schon Heimweh«, antwortete Sternberg bissig.
In der Leitung knackte es. Burgers Sekretärin hatte aufgelegt. Sternberg stellte sich ihr hochrotes Gesicht vor und grinste vergnügt. Dann schob er den Aktenordner von sich und stützte das Kinn in beide Hände.
Australien, dachte er. Ich habe Gregor schon vor Jahren versprochen, daß ich ihn besuchen werde. Aber er hat mit mir gewettet, daß ich es nie schaffen würde. Um was haben wir gewettet? Ich habe es vergessen . . .

Sternbergs Gedanken wurden erneut vom Schnarren des Telefons unterbrochen.
»Ihr Flug geht in drei Tagen um 19 Uhr ab München, 22.30 Uhr ab Frankfurt nach Singapur. Eine Stunde Aufenthalt, dann weiter nach Jakarta. Das Ticket können Sie morgen bei mir abholen. Was Sie sonst noch buchen wollen, das müssen Sie selbst erledigen. Außerdem haben Sie heute um 14.30 Uhr einen Termin im Gesundheitsamt wegen der Impfungen für Indonesien. Sonst noch Fragen?«
»Mein Gott«, murmelte Sternberg. »Sie übertreffen sich ja selbst, gratuliere. Keine Fragen!«
»Dann ist ja alles klar!«
Sie hatte schon wieder aufgelegt.
Ekel, dachte Sternberg, paßt genau zu ihrem Chef!
Doch dann setzte er sich kerzengerade auf. Er hatte kein Visum für Australien, keine Impfungen für Indonesien, Gregor wußte nicht, daß er bald kommen würde. Würde er überhaupt kommen? Carlas Vorschlag war völlig verrückt. Nie würde er innerhalb von drei Tagen ein Visum bekommen.

Drei Tage später befand sich Philip Sternberg auf dem Weg nach Indonesien. Allerdings war er noch ganz am Anfang des Weges. Er saß im Dienstwagen neben seiner Kollegin Carla und fuhr durch München. Carla hatte sich erboten, ihn zum Flughafen zu bringen, und Sternberg war dankbar dafür.
»Soll ich deine Hand halten?« fragte Carla.
»Nein«, antwortete er, »vielleicht später.«
Das Wetter war scheußlich – nasses Spätwinterwetter, kalt und dunkelgrau.

»Hast du genügend Sommerklamotten eingepackt?« fragte Carla und bremste vor einer roten Ampel.
»Ja, Mama«, sagte Sternberg. »Weißt du, ich bin schon groß und habe gehört, daß es in Indonesien ziemlich heiß ist. Und in Australien herrscht jetzt Hochsommer, wenn bei uns Winter ist. Das habe ich in der Schule gelernt.«
»Idiot!« Carla gab Gas und lenkte den Wagen auf die Autobahn.
»Wieso Idiot?« fragte Sternberg unschuldig.
»Weil du mit deiner blöden Flugangst sämtliche mütterlichen Gefühle in mir weckst. Wie geht es dir eigentlich heute abend?«
Sternberg lehnte sich in den Autositz zurück.
»Eigentlich ganz gut. Erstaunlich gut sogar. Der Trick ist: Ich habe mit meinem Leben abgeschlossen, und deshalb macht es mir nichts mehr aus, wenn das Flugzeug abstürzt. Es war ein gutes Leben, teilweise sogar spannend. Ich habe allen Leuten verziehen, die ekelhaft zu mir waren: Burger, seiner Sekretärin und sogar dir!«
Carla lachte, doch dann warf sie ihm einen prüfenden Blick zu.
»Geht es dir wirklich gut?«
»Naja«, meinte Sternberg langsam. »Ich fühle mich zwar ein bißchen wie vor meiner Hinrichtung, aber nachdem ich beschlossen habe zu fliegen, fliege ich eben.«
»Das ist sicher die beste Einstellung«, murmelte Carla und stellte die Scheibenwischer auf Schnellgang.
Heftiger Schneeregen klatschte gegen die Frontscheibe.
»Am liebsten würde ich mitkommen. Die Vorstellung von Sonne und tropischer Wärme ist sehr verlockend bei diesem Wetter. Aber zwei Tickets sind Burger natürlich zu teuer. Wie lange bleibst du eigentlich weg?«
»Fünf Wochen.«
»Was?!«

»Na ja, eine knappe Woche Indonesien und vier Wochen Australien. Falls das mit dem Visum klappt.«
»Hast du denn noch kein Visum?«
»Nein, noch nicht«, antwortete Sternberg. »Es ist ziemlich kompliziert. Ich habe den Antrag an die australische Botschaft in Bonn geschickt. Sie werden ihn bearbeiten und dann nach Jakarta faxen. Das Visum wird dann die australische Botschaft in Jakarta ausstellen. Für Indonesien habe ich eine Sondereinreisegenehmigung erhalten, und meine Impfungen sind auch etwas unvollkommen. Außerdem bin ich sehr mutig. Ich fliege nämlich von Indonesien mit Garuda Airlines nach Perth in Westaustralien weiter.«
»Wieso mutig?« fragte Carla.
»Garuda heißt die indonesische Luftfahrtgesellschaft. Mein Freund Gregor hat mir am Telefon lachend erzählt, daß Garuda mehrmals beinahe den Flughafen von Perth nicht gefunden hätte. Vielleicht lande ich also ganz woanders.«
Vor den beiden Kommissaren tauchten die Lichter des Münchner Flughafens auf.
»Ist es nicht gefährlich, bei so schlechtem Wetter zu starten?« fragte Sternberg nervös.
»Es wackelt vielleicht ein bißchen, aber gefährlich ist das eigentlich nicht. Interessanter ist ein Tropengewitter beim Landeanflug.« Carla lächelte verschmitzt. »Da krampfen sich die Hände um die Armstützen, auch wenn keiner es zugeben will. Es ist überhaupt sehr lustig, die Mitpassagiere zu beobachten. Da sind viele dabei, die mehr Angst haben als du, Philip. Das wird dir sicher helfen.«
»Bestimmt«, antwortete Sternberg dumpf. »Ich bin inzwischen richtig froh, daß du nicht mitfliegst. Deine Geschichten muntern mich nicht besonders auf.«
»Ich will dich bloß abhärten!« lachte Carla und bremste vor der riesigen Abflughalle.

Sternberg holte sein Gepäck aus dem Kofferraum, dann betrat er mit Carla die Halle. Automatische Glastüren öffneten sich vor ihnen. Eine unpersönliche Frauenstimme tönte über den Lautsprecher, Rolltreppen und Laufbänder führten nach allen Seiten, nach oben und unten. Sternberg blieb stehen und schaute sich um.
»Es ist immer ein wenig wie in der Bodenstation vom Raumschiff Enterprise«, murmelte er. »Ich werde die Sache von ihrer komischen Seite nehmen, dann wird es nicht so schlimm.«
Er gab entschlossen seine Koffer ab und nahm seine Bordkarte entgegen. Alles nahm seinen Lauf, wie auf einer Rolltreppe, von der er nicht mehr abspringen konnte. Sternberg umarmte Carla, die plötzlich ganz besorgt aussah. Er wurde mit Detektoren abgetastet, öffnete seine Tasche, um die Sicherheitsbeamten hineinsehen zu lassen. Carla winkte ihm hinter der Sperre zu.
»Hast du deine Knarre nicht dabei?« rief sie fröhlich.
Die Sicherheitsbeamten horchten auf. Sternberg tippte sich an die Stirn. Carla lachte laut, und zwei Polizisten nahmen Sternberg zur Seite.
»Wie war das mit der Knarre?« fragte einer und begann Sternberg abzuklopfen.
»Ein dummer Witz war das«, sagte Sternberg grimmig. »Wir sind Kollegen, aber ich habe meine Dienstwaffe natürlich nicht dabei«.
»Ach so«, antwortete der Beamte. »Darf ich trotzdem Ihren Dienstausweis sehen?«
Sternberg zog den Ausweis aus seiner Jackentasche. Der Beamte prüfte ihn sorgfältig.
»In Ordnung«, sagte er schließlich. »Dienstlich unterwegs?«
Sternberg nickte.
»Sie können durchgehen. Gute Reise, Kollege.«

Der Jumbo rollte langsam auf die Startbahn des Frankfurter Flughafens. Philip Sternberg spähte aus dem kleinen Bullauge. Er hatte seine Zweifel, ob ein so großes Flugzeug überhaupt abheben konnte. 260 Menschen waren an Bord, außerdem die Verpflegung für 260 Menschen und die Koffer von 260 Menschen.

Der Lautsprecher knackte. Die Chefstewardess forderte die Fluggäste auf, das Rauchen einzustellen, die Rückenlehnen senkrecht zu stellen, die Sicherheitsgurte anzulegen und elektronische Geräte während des gesamten Fluges nicht zu benutzen.

Sternberg umfaßte die Armstützen mit beiden Händen. Den Flug von München nach Frankfurt hatte er einigermaßen überstanden. Sein Nachbar hatte ihm jedes Geräusch des Flugzeugs erklärt: das Zischen des Druckausgleichs, das Rumpeln beim Einklappen des Fahrwerks, die verschiedenen Geschwindigkeiten der Turbinen. Er hatte ihm auch erklärt, daß jedes Luftloch, jede Turbulenz vom Flugzeug automatisch ausgeglichen werde. Dafür hatte es aber ganz schön gewackelt.

Das liege an der niedrigen Flughöhe, hatte sein erfahrener Nachbar gemeint. In höheren Luftschichten liege die Maschine meistens wie ein Brett.

Die knappe Flugstunde war schnell vorübergegangen. Nun aber lagen 13 Stunden vor Sternberg. Noch nie war er so lange in der Luft gewesen.

Der Jumbo beschleunigte plötzlich, schoß mit ungeheurer Wucht über die Startbahn, ein tonnenschweres Monster, das durch nichts mehr aufzuhalten war.

Sternberg hielt den Atem an. Er mußte plötzlich an die Startversuche von Maikäfern denken, die er als Kind gesammelt hatte. Sie rannten nicht los, um zu starten, sie

pumpten und pumpten. Dann hoben sie ab wie Hubschrauber.
Der Jumbo raste noch immer dahin.
Wir müßten doch längst am Ende der Startbahn sein, dachte Sternberg erschrocken. Er warf einen vorsichtigen Blick aus dem Fenster. Unter ihm lagen die Lichter von Frankfurt. Das Flugzeug hatte so mühelos abgehoben, daß Sternberg es nicht spüren konnte. Sie zogen ein weite Schleife über die Stadt, stiegen höher und höher. Sternberg hatte noch immer das Gefühl, auf einer Rolltreppe zu sein, die ihn unaufhörlich weitertrieb.
Der Flugkapitän erzählte vom Wetter und von der Flugroute. Speisekarten wurden verteilt, Getränke angeboten. In Singapur würden 28 Grad herrschen bei gelegentlichen Regenschauern und Gewittern. Außerdem gab es zwei Spielfilme, Nachrichten und Musikprogramme über Kopfhörer.
Der große Bildschirm vor Sternbergs Sitzreihe zeigte jetzt eine Weltkarte samt Flugplan. Das winzige Flugzeug auf der Karte schien unendlich weit von seinem Ziel entfernt. Dann zeigte die Karte nur noch Europa, und Sternberg konnte sehen, daß sie gerade München überflogen. Sehnsüchtig beugte er sich zum Fenster. Draußen aber war es stockdunkel. Kein Lichtschimmer drang durch die Wolkendecke zu ihnen herauf. Sternberg versuchte sich vorzustellen, daß genau unter ihm Carla gerade zu Bett ging, Burger eine Magentablette schluckte, Autos herumfuhren, Menschen lebten. Es gelang ihm nicht. München wurde zu einer Fata Morgana, eigentlich wurde die ganze Erde unwirklich, und Sternberg war sich nicht mehr sicher, ob es sie auch wirklich gab.
Die Stewardessen liefen inzwischen geschäftig auf und ab, servierten Drinks und nahmen Bestellungen entgegen.
»Bis Griechenland wird es ein bißchen wackeln«, sagte

Sternbergs Nachbar, ein dicker Mann im bunten Hawaiihemd.
»So«, murmelte Sternberg.
»Ja, sicher. Das schlechte Wetter liegt über ganz Südosteuropa. Da heißt es, den Mund treffen beim Essen.« Der Mann lachte.
»Ich habe keinen Hunger«, erwiderte Sternberg.
»Essen Sie bloß was!« riet der Dicke und beugte sich vertraulich zu Sternberg. »Frühstück gibt es erst über dem Golf von Bengalen. Das dauert noch!«
»Sie fliegen wohl öfters?« fragte Sternberg höflich.
»Jaja, immer diese Strecke. Jedes Jahr Urlaub in Südostasien. Mal Thailand, mal die Philippinen, mal Indonesien.«
»Aha«, sagte Sternberg.
»Diesmal mache ich Singapur und Malaysia!« Der dicke Mann nickte zufrieden.
Plötzlich zitterte das Flugzeug heftig und sackte nach unten. Sternberg griff wieder nach den Armlehnen. Seine Stirn wurde feucht.
»Das ist noch gar nichts«, lachte der Dicke. »Da müssen Sie mal ein richtiges Tropengewitter erleben. Da geht's rund wie in der Achterbahn, haha!«
»So etwas Ähnliches habe ich heute schon mal gehört«, antwortete Sternberg leise.
Draußen zogen Wolkenfetzen vorüber, die vom Mond beleuchtet wurden. Ein Gong ertönte. Gleichzeitig blinkte neben dem Monitor ein Symbol auf. Das Zeichen eines Sicherheitsgurts. Sternberg hatte den Gurt gar nicht geöffnet. Er blieb bei allen Flügen grundsätzlich angeschnallt.
Der Dicke war ihm unangenehm. Er sehnte sich nach Carlas Scherzen. Doch seine trüben Gedanken wurden von der Ankunft des Abendessens unterbrochen. Die Ste-

wardess reichte dem Dicken ein Tablett, und er reichte es an Sternberg weiter. Verschiedene Töpfchen standen auf dem Tablett. Alle waren mit kleinen Deckeln oder Alufolie bedeckt.

Als Sternberg neugierig die ersten Deckel lüftete, schmatzte sein Nachbar bereits.

»Guten Appetit«, sagte er mit vollem Mund. »Ist nicht schlecht.«

Das Flugzeug sackte wieder durch, als Sternberg gerade seinen Becher mit Weißwein an die Lippen setzte. Es schwappte, und ein Teil des Weins ergoß sich über Sternbergs Hemd.

Der Dicke lachte und spuckte dabei Hühnerfrikassee und Wildreis über sein Hawaiihemd.

»Prost!« sagte Sternberg und lachte ebenfalls.

Fliegen ist doch ganz lustig, dachte er.

Er beobachtete die Stewardessen, die offensichtlich kein bißchen beunruhigt waren. Sie erledigten ihre Arbeit, hielten sich an den hohen Sitzlehnen fest, wenn das Flugzeug wackelte, und eilten dann ungerührt weiter.

Sternberg aß nur wenig. Der Monitor zeigte an, daß sie sich jetzt über Bulgarien befanden.

Seltsam, dachte er. Es ist wie in einem Computerspiel. Man sieht das eigene Flugzeug auf dem Monitor und erfährt so, wo man gerade ist. Aber es bleibt ein Computerspiel. Die Welt gibt es nicht mehr, wenn es draußen ganz schwarz ist. Nur noch Essen in Alufolie, ein leichtes Rauschen und eine Schlange von Menschen vor den Klos.

Das Flugzeug lag inzwischen ganz ruhig in der Luft. Die Stewardessen hatten die Tabletts wieder eingesammelt, Mütter versuchten ihre überdrehten Kinder zum Schlafen zu bringen. Nun hatte das Flugzeug die Türkei erreicht, wenigstens auf dem Monitor. Computerspiel. Die

meisten Passagiere verschlossen ihre Fenster mit kleinen Rollos. Das Licht wurde gedämpft. Schlafenszeit.
Sternberg fühlte sich schläfrig. In einer Zeitung hatte er gelesen, daß die Crew zur Schlafenszeit die Temperatur im Flugzeug erhöhe. Das mache die Passagiere müde, und dann kehre endlich Ruhe ein. Es war wirklich sehr warm. Der Dicke neben Sternberg hatte seinen Kopfhörer angelegt und starrte auf den Monitor. Dort lief der erste Spielfilm dieser Nacht. Sternberg hatte keine Lust auf einen Film. Er probierte die verschiedenen Knöpfe des Musikprogramms aus und entschied sich für Jazz.
Mühsam streckte er seine langen Beine unter den Sitz des Vordermanns, versuchte, eine einigermaßen bequeme Lage zu finden. Sein Nacken schmerzte schon jetzt. Er lehnte den Kopf gegen das Fenster und wurde sofort wieder munter. Die Nacht war plötzlich ganz klar. Unter ihnen türmten sich die Gebirgszüge Kurdistans, schneebedeckt, gespenstisch hell, schwarzweiß. Städte und Dörfer sahen aus wie Spinnennetze mit Lämpchen.
Lange starrte Sternberg in die Nacht hinaus.

Siebzehn Stunden später landete Kommissar Sternberg sicher in der indonesischen Hauptstadt Jakarta. Er fühlte sich ein wenig, als kehre er von einer Weltraumfahrt zurück und lande auf einem fremden Stern. Es war mitten in der Nacht. Sternberg hatte den Verdacht, daß es nie mehr Tag würde. Er war von einer Nacht in die andere geflogen.
Als er das Flugzeug verließ, dankte er der Chefstewardess so herzlich, daß sie ihn erstaunt ansah. Sie konnte nicht wissen, wie erleichtert Sternberg über die sichere Lan-

dung war. Das Leben ging tatsächlich weiter, und die Erde gab es auch noch. Er vergaß seine Müdigkeit, schüttelte die Starre seiner Glieder ab. Er genoß sogar die feuchtheiße Luft, die ihn im Flughafengebäude empfing, obwohl er bald schweißgebadet war. Er freute sich über seine Koffer, die wie durch ein Wunder tatsächlich auf dem Fließband erschienen. Er freute sich auch über die indonesischen Zollbeamten, die seltsamerweise sogar nachts Sonnenbrillen trugen. Sie überprüften lange sein Gepäck, vor allem aber seine Sondereinreisegenehmigung.
Nach einer Weile riefen sie weitere Kollegen zu Hilfe und diskutierten laut. Sternberg verstand kein Wort, aber auch das freute ihn. Er hatte überhaupt keine Lust mitzureden oder etwas zu erklären. Er wollte einfach nur dastehen, das bunte Gewirr von Menschen betrachten und den Boden unter seinen Füßen spüren. Er freute sich auf eine Dusche im Hotel, auf ein Bett und auf Jakarta bei Tag.
Doch dann wurde er aus seinen Gedanken gerissen. Ein kleiner Mann in Uniform stand vor ihm und sprach ihn auf Englisch an.
»Aus welchem Grund haben Sie ein Sondervisum?« fragte der Mann höflich.
Er trug eine tadellos gebügelte Uniform, hatte sehr dunkles Haar und sehr dunkle Augen, die ein wenig schräg waren. Außerdem sah er erstaunlich jung aus, obwohl an seinen Schläfen ein paar silberne Fäden glänzten.
»Oh«, antwortete Sternberg, »das ist leicht zu erklären. Ich bin sozusagen ein Kollege, Kommissar der deutschen Umweltpolizei. Es geht bei meinem Auftrag um den Plastikmüll, der bei Ihnen abgeladen wurde.«
»Aha«, sagte der Mann.
Er war viel kleiner als Sternberg, hielt sich aber sehr aufrecht, als wolle er seine Wichtigkeit betonen. Jetzt machte er eine kleine Verbeugung.

»Ich bin Polizeioffizier Murtihardjana. Verzeihen Sie meine Unhöflichkeit, aber könnte ich Ihren Polizeiausweis sehen?«
Sternberg nickte.
Ob ich mir seinen Namen merken kann? dachte er.
Der Offizier studierte sehr lange den deutschen Polizeiausweis, und Sternberg war sich sicher, daß er nichts von dem verstand, was dort geschrieben stand.
»Weiß man hier von Ihrer Ankunft?« fragte Murtihardjana.
»Ich denke doch. Es wurde ein Fax geschickt und auch beantwortet.«
»Von wem?«
»Von Ihrer Polizeizentrale.«
»Aha«, sagte der Offizier wieder. Er wirkte unschlüssig.
»Werden Sie abgeholt?« fragte er dann.
»Ich glaube nicht«, antwortete Sternberg. »Ich wollte eigentlich jetzt mit dem Taxi ins Hotel fahren und morgen mit Ihrer Dienststelle Kontakt aufnehmen.«
»Aha«, sagte Murtihardjana nochmals. Sein Blick wurde seltsam verschwommen, so als blicke er nach innen und nicht nach außen.
»Ich werde das überprüfen lassen«, sagte er nach einer Weile. Dann sprach er schnell auf einen jungen Polizisten ein, der hinter ihm stand. Der nickte und verschwand.
Nach fünf Minuten kehrte der Polizist zurück und sprach ebenfalls sehr schnell mit dem Offizier. Murtihardjana schaute weiterhin sehr verschwommen und direkt an Sternberg vorbei ins Unendliche.
»Leider können wir niemand erreichen. Alle schlafen wohl. Wir werden das morgen klären können. Es ist unhöflich, daß Sie nicht abgeholt werden. Ich muß mich dafür entschuldigen. Deshalb werde ich Sie ins Hotel bringen.«

»Aber das ist doch nicht nötig«, wehrte Sternberg ab. »Ich kann doch ein Taxi nehmen.«
Murtihardjana lächelte leicht.
»Es ist viel bequemer so«, sagte er mit einer gewissen Härte in der Stimme, und seine Antwort klang wie ein Befehl.
Sternberg spürte plötzlich seine Müdigkeit. Er hatte keine Lust, sich mit dem Offizier herumzustreiten.
»Gut!« versuchte er zu scherzen. »Wenn Sie die Koffer tragen. Mein Rücken schmerzt nämlich vom langen Flug!«
Der Offizier lächelte nicht. Er winkte zwei Polizisten herbei und zeigte auf Sternbergs Koffer.
»Kommen Sie mit mir«, sagte er.
Murtihardjana und die beiden Polizisten führten Sternberg durch das Flughafengebäude zum Ausgang. Dort erwartete sie kein Taxi, sondern ein Polizeiwagen.
»Bitte!« der Offizier öffnete die Autotür.
Sternberg fühlte sich unbehaglich. Er hatte plötzlich den Eindruck, daß er nicht in ein Hotel, sondern ins Gefängnis gebracht werde.
»Welches Hotel?« fragte Murtihardjana.
»Princess Garden«, antwortete Sternberg erleichtert.
Auf den Straßen herrschte noch ein quirliges Durcheinander, obwohl es längst nach Mitternacht war. Trotz seiner Müdigkeit versuchte Sternberg die fremde Stadt in sich aufzunehmen. Doch der Polizeiwagen fuhr sehr schnell. Sternberg nahm flüchtig wahr, daß es Fahrradrikschas gab, seltsame, uralte Lieferwagen, große amerikanische Limousinen und jede Menge Mercedes und BMW. Er sah breite Straßen, Palmen und Obdachlose am Straßenrand. Und es roch! Es roch nach Abfall, nach Blumen, nach Essen, Autoabgasen und Feuer. Es roch nach Tropen.

Ich muß Carla anrufen, dachte Sternberg.
Murtihardjana sagte wenig, und Sternberg war zu müde, um ein Gespräch zu beginnen. Nach 20 Minuten halsbrecherischer Fahrt hielt der Wagen vor dem Hotel. »Princess Garden« stand in großen Leuchtbuchstaben über dem Eingang. Ein riesiger, rotblühender Baum wurde von zwei Scheinwerfern angestrahlt.
Die Polizisten trugen Sternbergs Koffer in die Eingangshalle. Der Mann an der Rezeption sah ihnen erschrocken entgegen.
Zu blöd, dachte Sternberg. Wahrscheinlich hält er mich jetzt für einen international gesuchten Verbrecher.
Er gab seinen Paß ab, erklärte dem Mann, daß ein Zimmer für ihn reserviert sei. Der Mann legte sein Gesicht in viele Falten, überprüfte die Reservierung dreimal sorgfältig, schaute mißtrauisch auf die Polizisten und reichte Sternberg endlich einen Schlüssel.
»Im zweiten Stock, Lift«, sagte er in gebrochenem Englisch. »Koffer tragen?«
Murtihardjana winkte ab. Die Polizisten nahmen Sternbergs Gepäck wieder auf und folgten ihm zum Fahrstuhl. Der Kommissar runzelte die Stirn.
»Ich danke Ihnen«, sagte er zu Murtihardjana, der ebenfalls Anstalten machte, in den Lift zu steigen, »aber nun werde ich wohl allein zurechtkommen. Ich bin sehr müde.«
Murtihardjana lächelte.
»Wir wollen nur sehen, ob alles in Ordnung ist«, sagte er.
Im zweiten Stock stiegen sie gemeinsam aus und gingen über die weichen, roten Teppiche zu Sternbergs Zimmer. Der Kommissar schloß auf und knipste das Licht an.
»Bitte, schauen Sie sich um. Es ist ein schönes Zimmer. Kann ich Sie jetzt beruhigen?«
Murtihardjana trat in das Zimmer, ging zum Fenster, sah

hinaus, öffnete die Badezimmertür, schaute in den Schrank.
»Es reicht!« sagte Sternberg.
Er begann die Geduld zu verlieren.
»Ich wäre Ihnen sehr dankbar, wenn Sie mich jetzt endlich allein ließen!«
»Jaja«, antwortete Murtihardjana. »ich weiß, daß Sie müde sind. Es ist ja auch kein Wunder nach einem so langen Flug. Wie lange fliegt man von Deutschland nach Indonesien?«
»Ich habe 17 Stunden gebraucht.«
»17 Stunden!« Murtihardjana schüttelte den Kopf. »Das ist wirklich sehr lange.«
Sternberg ging zur Tür und öffnete sie weit.
»Gute Nacht, Kollege!« sagte er laut.
Der kleine Offizier sah sich noch einmal prüfend im Zimmer um, dann ging er endlich hinaus. Auf dem Flur redete er wieder sehr schnell auf einen der beiden Polizisten ein. Dieser nickte, schleppte einen Stuhl vom Ende des Gangs herbei und setzte sich neben Sternbergs Tür.
»Was soll denn das?« fragte Sternberg entgeistert.
»Nur zu Ihrem Schutz, Kommissar, nur zu Ihrem Schutz«, murmelte Murtihardjana und verbeugte sich.
Sternberg knallte die Tür zu und ließ sich aufs Bett fallen. Plötzlich hatte er das Gefühl, noch immmer zu fliegen. Die Klimaanlage summte leise. Sternberg war zu müde, um Carla anzurufen. Er war sogar zu müde, um noch eine Dusche zu nehmen.

Es war bereits zehn Uhr vormittags, als Sternberg erwachte. Er wäre auch nicht aufgewacht, hätte es nicht heftig an seine Tür geklopft. Der Kommissar benötigte einige Minuten, um sich zurechtzufinden. Dann sprang er aus dem Bett und sagte laut zu sich selbst: »Ich bin in einem Hotelzimmer in Jakarta. Vor meiner Tür sitzt ein Polizist, und es ist zehn Uhr Ortszeit.«
Sternberg grinste breit, als er zur Tür ging. Er konnte sich lebhaft vorstellen, wie unangenehm es für seinen Bewacher sein mußte, seit vielen Stunden auf einem Stuhl auszuharren. Zudem gab es nur in den Zimmern Klimaanlagen, auf dem Flur war es dagegen tropisch warm.
Als er die Zimmertür öffnete, blickte er in das lächelnde Gesicht von Polizeioffizier Murtihardjana.
»Ich wollte Ihnen nur sagen, daß alles in Ordnung ist, Kommissar. Wenn Sie bereit sind, dann werde ich Sie bei Ihrer Arbeit begleiten.«
Er musterte Sternberg von oben bis unten. Der Kommissar war nur mit einer Unterhose bekleidet.
»Ich warte unten in der Halle«, sagte Murtihardjana und kicherte.
Sternberg begab sich ins Badezimmer. Ein ziemlich großes schwarzes Etwas huschte im Duschbecken umher. Vorsichtig schlich Sternberg sich an. Ein riesiger flacher Käfer mit langen Fühlern saß in seiner Wanne.
Ein Kakerlak, dachte Sternberg. Ich bin tatsächlich in Indonesien!
Langsam nahm er eines der Handtücher und versuchte, das Insekt zu fangen. Es war jedoch nicht nur groß, sondern auch blitzschnell. Bevor Sternberg zufassen konnte, verschwand das Tier im Abfluß der Dusche. Sternberg zuckte grimmig die Achseln.
»Ich dusche trotzdem!« rief er. »Auch wenn es dich in die

Abwasserkanäle dieser Stadt spült. Außerdem gehörst du da sowieso hin!«

Als er gerade das Wasser andrehte, begann das Telefon zu klingeln.

»Nein!« rief er. »Ich will jetzt duschen!«

Er stieg in das Becken und seifte sich genüßlich ab. Das Telefon klingelte zehnmal, dann verstummte es. Als Sternberg sich angezogen hatte, begann es wieder zu schrillen.

»Ja, Sternberg«, meldete er sich.

»Hallo, ausgeschlafen?« Carla Barans Stimme war klar und deutlich zu hören.

»Bist du zufällig in Jakarta? Dann können wir ja zusammen frühstücken«, antwortete Sternberg.

Carla lachte.

»Quatsch! Ich sitze zu Hause und gebe wahnsinnig viel Geld aus, um mit dir zu reden. Ich wollte nur wissen, ob du gut angekommen bist.«

»Danke. Der Flug war wunderbar. Ich verstehe wirklich nicht, warum so viele Leute Angst vorm Fliegen haben.«

»Angeber!« sagte Carla.

»Also gut. Ich habe es überstanden.«

»Schon besser. Wie ist Indonesien?«

»Keine Ahnung«, antwortete Sternberg. »Bisher besteht es vor allem aus Polizisten und einem Kakerlak.«

»Interessant«, meinte Carla. »Hast du schon was rausgefunden?«

»Nein, aber in wenigen Minuten werde ich damit anfangen. Allerdings unter Bewachung.«

»Na, dann viel Spaß. Melde dich, sobald du etwas weißt. Burger ist schon ganz nervös. Er befürchtet wahrscheinlich, daß du aus Rache für diesen Flug überhaupt nichts tun wirst.«

»Mal sehen, ob ich etwas tun *kann* mit meinem Leibwächter«, antwortete Sternberg.

»Ich mach jetzt Schluß. Es wird zu teuer. Paß auf dich auf!«
»Das machen schon andere. Schade, daß du nicht hier bist. Wir hätten eine Menge zu lachen!«
»Ja, schade«, sagte Carla. Dann knackte es in der Leitung.
»Schade«, wiederholte Sternberg und legte bedauernd den Hörer auf. Er warf noch einen prüfenden Blick in den Spiegel. Sein dunkelblondes Haar war noch ein wenig feucht vom Duschen. Das hellgraue Polohemd paßte gut zu seiner schwarzen Jeans. Alle wichtigen Dokumente trug er in einer schwarzen Bauchtasche aus Leder.
»Also, dann los, Herr Kommissar«, murmelte er sich aufmunternd zu.
Sternberg verließ sein Zimmer und ging den langen Flur hinab. Diesmal nahm er nicht den Lift, sondern die Treppe. Im ersten Stock plätscherte ein Springbrunnen unter Palmen. Tische und Stühle luden zum Verweilen ein. Offensichtlich wurde hier das Frühstück serviert. Sternberg hatte Hunger. Doch Murtihardjana wartete in der Halle, und es war schon spät. Widerwillig ging Sternberg in die Halle hinunter.
»Hallo, Kommissar!« Der kleine Offizier stürzte auf Sternberg zu, als dieser die letzten Stufen herabstieg.
»Und jetzt?« fragte Sternberg.
»Was wollen Sie sehen? Ich werde Sie hinbringen.«
»Eigentlich habe ich Hunger«, antwortete Sternberg und lachte über Murtihardjanas entgeistertes Gesicht. »Für ein Frühstück ist es allerdings zu spät. Wir sollten also bald zu Mittag essen. Aber vielleicht könnten wir erst zum Hafen fahren, um den Müllberg zu besichtigen.«
»Selbstverständlich«, sagte der Offizier, »wir werden sofort zum Hafen fahren.«
Sternberg gab seinen Schlüssel ab und nahm sich eine Banane aus der großen Obstschale, die für Gäste bereit-

stand. Dann verließen sie das Hotel und stiegen wieder in einen Polizeiwagen. Sternberg spürte, wie Schweiß an ihm herablief, obwohl er nur wenige Schritte gemacht hatte. Die Luft war so schwer und feucht, daß er glaubte, sie anfassen zu können.
Der Fahrer des Wagens fuhr in ähnlich halsbrecherischem Tempo durch die Stadt wie am Abend zuvor.
»Könnten Sie ihn nicht bitten, etwas langsamer zu fahren?« fragte Sternberg seinen Begleiter.
»Kaum«, antwortete Murtihardjana. »Er ist es gewöhnt, schnell zu fahren.«
Jakarta erschien Sternberg wie ein vorüberrasender Film mit großen und kleinen Gebäuden, die in schwarze Abgaswolken gehüllt waren. Die Luft war unbeschreiblich schlecht. Sternberg hustete.
»Man müßte den Leuten verbieten, zu atmen«, sagte er keuchend zu dem Offizier.
Murtihardjana fand das sehr komisch. Er lachte laut.
»Ja!« rief er. »Aber das geht nicht. Wir müssen alle atmen, was eben noch an Luft da ist. Noch leben wir.«
Gegen das hier ist Smog in Europa ein Erholungstrip, dachte Sternberg.
Der Wagen näherte sich dem Hafen. Lagerhallen tauchten auf, Docks, Kais und Schiffe. Braunhäutige Männer in zerlumpten Hemden schleppten schwere Lasten. Der Polizist am Steuer fuhr endlich langsamer. Hier am Meer wurde die Luft besser. Es war viel los im Hafen. Sternberg stellte sich vor, wie früher hier die Segelschiffe mit Gewürzen beladen worden waren, um dann ihre monatelange Reise nach Europa anzutreten. Damals hatte Jakarta Batavia geheißen und Indonesien war eine holländische Kolonie gewesen.
Der Wagen fuhr wieder schneller, bis ganz ans Ende der Hafenanlagen. Und dann konnte Sternberg sehen, was ihn erwartete.

»Halten Sie an!« rief er im Befehlston.
Murtihardja zuckte zusammen und gab den Befehl an den Fahrer weiter. Der bremste so heftig, daß sie nach vorn geschleudert wurden.
»So habe ich das auch nicht gemeint«, murmelte Sternberg auf deutsch.
»Wie bitte?« fragte Murtihardjana, während er seine Mütze vom Boden aufhob.
»Nichts«, sagte Sternberg und stieg aus.
Er starrte auf das Gebirge am Ende des Kais. Ein Gebirge aus Plastikmüll in allen Formen und Farben. An seinen Rändern sah der Berg zerfranst aus. Dort hatten sich die Ballen gepreßten Mülls geöffnet. Plastiktüten, Flaschen, Kanister, PVC-Stücke lagen umher.
»Es ist ein Kunstwerk«, sagte Sternberg erschüttert.
»Wie bitte? Was meinen Sie mit Kunstwerk?« Murtihardjana stand neben Sternberg und wischte sorgsam seine Mütze ab.
»Ich meine, das hier hätte auch ein Künstler aufbauen können, als Denkmal für die Industriegesellschaft. Vielleicht sollten wir es einfach so lassen und mit Kunstharz überziehen. Die deutsche Regierung zahlt die Platzmiete, und Sie haben eine neue Touristenattraktion.«
Der indonesische Polizeioffizier lachte ein wenig unsicher.
»Das ist eine seltsame Idee«, sagte er.
»Ich finde sie überhaupt nicht seltsam«, grinste Sternberg. »Stellen Sie sich die Mühe vor, die es gemacht hat, all diesen Dreck in Deutschland zu sammeln, auf ein Schiff zu laden und dann bis hierher zu bringen. Es ist eine phantastische Leistung!«
Murtihardjana sagte nichts. Er schaute Sternberg von der Seite an, und sein Blick verschleierte sich. Er überlegte, ob der deutsche Kommissar vielleicht ein wenig verrückt sei.

»Also gut, dann fahren wir weiter!«
Sie stiegen wieder in den Polizeiwagen und hielten erst am Fuß des Plastikgebirges an. Als Sternberg diesmal den Wagen verließ, wurde ihm fast übel. Der Berg stank.
Unzählige Männer, Frauen und Kinder waren dabei, Haufen und Ballen auf ein Schiff zu schleppen, das am Kai lag. Zwischen den Aufbauten des Frachters wehte ein weißes Banner.

WE TAKE IT BACK. GREENPEACE

stand in riesigen schwarzen Buchstaben auf dem weißen Grund.
Wir nehmen es zurück, dachte Sternberg. Gute Werbung für Greenpeace.
Er schaute sich um. Zwischen den Indonesiern entdeckte er zwei Europäer.
»Hallo!« rief er auf deutsch. »Gehört ihr zu Greenpeace?«
Die beiden Männer drehten sich fast gleichzeitig um. Ihre T-Shirts klebten an ihren Oberkörpern.
»Ja«, antwortete der eine langsam. Er trug einen blonden Schnurrbart wie Sternberg, war aber kleiner und stämmiger als der Kommissar.
»Ich heiße Sternberg, Philip Sternberg, Kommissar der bundesdeutschen Umweltzentrale. Ich soll mir das hier mal ansehen«, stellte Sternberg sich den beiden vor.
»So«, sagte der schnurrbärtige Greenpeacer noch langsamer und zog seine Baseballmütze tiefer in die Stirn. »So, also ansehen sollen Sie sich diese Schweinerei. Bitte, schauen Sie nur. Ist ja groß genug, bitte sehr!«
Er machte eine ausladende Geste Richtung Plastikgebirge.
»Reg dich nicht auf, Peter«, sagte der zweite Mann. Er war groß, dunkelhaarig und sehr braungebrannt.

»Hat die Bundesregierung Sie geschickt, um uns zu kontrollieren?« fragte er knapp.
»Ich weiß nicht. Mich hat jedenfalls der Leiter der Umweltzentrale geschickt. Möglicherweise hatte er Anweisungen von oben. Ich habe aber nicht die Absicht, Sie zu kontrollieren, sondern möchte eigentlich mit Ihnen zusammenarbeiten.«
»So!« schimpfte der schnurrbärtige Peter wieder. »Zusammenarbeiten, nachdem wir den Dreck aufgesammelt haben. Keiner hat sich darum gekümmert. Die deutsche Botschaft wollte uns sogar Schwierigkeiten machen!« Er spuckte verächtlich aus.
»Na ja«, meinte Sternberg, »noch ist der Dreck ja nicht eingesammelt.«
Er warf einen abschätzenden Blick auf den Müllberg und einen zweiten Blick auf das Schiff.
»Glauben Sie, daß all das auf diesen kleinen Frachter paßt?«
»Nein«, antwortete der dunkelhaarige Mann. »Mein Name ist übrigens Jens Hansen, und das ist Peter Krämer. Wir sind beide von Greenpeace Hamburg. Die anderen unserer Gruppe sind an Bord.«
Sternberg verbeugte sich leicht und stellte Offizier Murtihardjana vor.
»Mein Bewacher«, fügte er auf deutsch hinzu.
Jens grinste plötzlich.
»Wir haben auch Bewacher«, sagte er. »Da drüben sitzen sie im Schatten, aber sie lassen uns nicht aus den Augen.«
»Na, dann haben wir ja schon zwei Dinge gemeinsam: den eigenen Dreck und Aufpasser. Vielleicht finden wir doch eine Möglichkeit, zusammenzuarbeiten.«
»Und wie stellen Sie sich das vor?« fragte Peter hitzig. »Wir finden auf der ganzen Welt deutschen Dreck, und jedesmal tun die offiziellen Stellen so, als hätten sie über-

haupt nichts damit zu tun. Mir reicht's jedenfalls! Ich habe den Giftmüll in Rumänien gesehen, in der Ukraine, in Albanien, in Afrika, in Südamerika, und jetzt hier!«

»Ja, es ist schlimm«, sagte Sternberg.

»Ja, es ist schlimm«, äffte Peter Krämer den Kommissar nach.

Jens stieß ihn in die Seite.

»Ja, verdammt!« brüllte Sternberg. »Was soll ich denn sonst sagen! Haben Sie eine Antwort? Ich finde es wirklich schlimm. Es ist ein Verbrechen! Und deshalb bin ich hier. Ich möchte nämlich wissen, wer an diesem Müllhandel diesmal verdient hat. Und dann werden wir das Zeug schnellstens dorthin zurückschicken, wo es herkommt!«

Peter Krämer starrte den Kommissar mit offenem Mund an.

»Hätte gar nicht gedacht, daß Sie die Beherrschung verlieren würden. Sie sind doch ein Offizieller.«

»Oh, Mann«, stöhnte Sternberg. »zufällig war ich auch mal Angestellter bei eurem Verein. Und ich weiß genau, daß ihr euch über jeden Müllfund freut, weil euch das wieder in die Schlagzeilen und ins Fernsehen bringt. Ihr seid ein Umweltrettungsunternehmen, das auch Werbung braucht. Und ich bin bei einem Verbrechensbekämpfungsunternehmen, das Erfolge braucht.«

»So seh ich das ganz und gar nicht!« entgegnete Peter laut. »Das ist eine Beleidigung für Greenpeace!«

»Hört doch auf zu streiten!« sagte Jens. »Der Bewacher unseres Kommissars kriegt es ja mit der Angst zu tun. Er versteht nicht mal, um was es geht.«

»Ist mir egal«, antwortete Sternberg, »aber ich schlage jetzt vor, daß wir gemeinsam zum Essen gehen. Ich bezahle, und dann erzählt ihr mir, was ihr wißt. Wir könnten uns außerdem duzen, dann streitet es sich noch besser!«

Peter Krämer wischte sich den Schweiß von der Stirn.
»Okay, okay«, sagte er. »Aber ich lasse mich nicht beleidigen!«
Sternberg nickte und wandte sich an Murtihardjana.
»Wo kann man hier gut und vor allem indonesisch essen?«
Der kleine Offizier starrte ihn verblüfft an.
»Schreien Deutsche immer so, bevor sie essen gehen?« fragte er.

Sie aßen gut und scharf in einem Restaurant in der Nähe des Hafens. Sternberg mußte auch noch die beiden Bewacher der Greenpeacer und Murtihardjana einladen. Ein großer Ventilator an der Decke des Gastraums bewegte die Luft nur wenig. Peter Krämer schwitzte noch heftiger, doch er wurde beim Essen friedlicher. Sternberg lernte, daß ein Kellner in Indonesien »Pa« genannt wird, und er erfuhr, daß die Leute am Kai den Müll freiwillig auf das Schiff brachten.
»Wir bezahlen ihnen natürlich etwas, doch sie hätten es auch ohne Geld gemacht. Sie wollen den Dreck nicht in ihrem Land haben,« erzählte Jens Hansen.
»Sehr lobenswert«, lächelte Sternberg. »Aber mich interessiert viel mehr, wie dieses seltsame Geschäft zustande kam.«
»Wir wissen nur, daß die deutsche Müllbeseitigungsfirma ›Waste‹ mit einem indonesischen Geschäftsmann einen Vertrag gemacht hat. Danach sollte der Plastikmüll hier weiterverarbeitet werden. Eine Recyclinganlage gibt es aber nicht. Dieses Problem taucht immer wieder auf bei den internationalen Müllgeschäften. Wer den Transport

finanziert hat, das wissen wir noch nicht. Es muß sich aber gelohnt haben, sonst wären hier nicht mehrere Schiffsladungen angeliefert worden.«
Jens Hansen schob eine Scheibe Lotoswurzelgemüse in den Mund, die aussah wie Schweizer Käse.
»So weit bin ich bei meinen Nachforschungen auch schon gekommen«, sagte Sternberg. »Ich hatte gehofft, daß ihr mehr wißt. Das würde mir eine Menge Arbeit ersparen. Ich möchte nämlich möglichst bald nach Australien weiterreisen, weil ich Urlaub machen will.«
Peter Krämer lachte zum ersten Mal, seit Sternberg ihn kennengelernt hatte.
»Das ist ja eine schöne Arbeitsauffassung: so nebenher im Urlaub einen Fall lösen. Machen das alle so bei euch?«
»Nein«, anwortete Sternberg, »im allgemeinen nicht. Dies ist ein Ausnahmefall.«
Offizier Murtihardjana räusperte sich.
»Ich möchte Sie bitten, englisch zu sprechen. Wenn ich nichts verstehe, dann kann ich Ihnen auch nicht bei den Ermittlungen helfen.«
»Wollen Sie uns wirklich helfen?« fragte Sternberg. »Ich habe eher den Eindruck, daß Sie zu unserer Überwachung abgestellt sind. Vielleicht sollen Sie sogar verhindern, daß wir bestimmte Dinge herausfinden.«
Murtihardjana nahm seine Sonnenbrille ab, die er auch im Lokal getragen hatte. Er blickte sehr empört.
»Wie können Sie so etwas sagen, Kommissar? Die indonesischen Behörden wollen eng mit Ihnen zusammenarbeiten, denn sie sind sehr an der Klärung dieses Skandals interessiert.«
Die beiden anderen Polizisten starrten ernst vor sich hin.
»Gut«, lenkte Sternberg ein, »es kann ja sein. Allerdings kann ich diese seltsame Begrüßung gestern abend nicht

vergessen. Ich habe bisher noch nie in einem befreundeten Land eine Nacht unter Bewachung verbracht.«

»Ich möchte mich nochmals entschuldigen«, murmelte Murtihardjana.

»Es ist das erste Mal, daß Sie sich entschuldigen«, antwortete Sternberg trocken. »Außerdem möchte ich Sie bitten, heute nachmittag mit mir zum zuständigen Beamten oder Offizier oder Kommissar zu fahren, denn der Fall wurde ja auch hier bearbeitet. Sie, mein lieber Murtihardjana (Sternberg war stolz darauf, daß er den Namen des Offiziers fehlerfrei aussprach), sind sicher nicht mit diesem Fall befaßt, sonders ausschließlich mit meiner Überwachung.«

Der Offizier setzte seine Sonnenbrille wieder auf und zuckte die Achseln. »Ich habe meine Anweisungen, und die werde ich befolgen!« sagte er ruhig.

»Genau das mache ich ebenfalls«, lächelte Sternberg höflich, »wenn ich mich auch nicht immer daran halte.«

Später am Tag saß Philip Sternberg einem hohen indonesischen Polizeibeamten gegenüber. Jedenfalls nahm Sternberg an, daß der Mann einen hohen Rang bekleidete, denn er trug unzählige Abzeichen an seinem Hemd. Sein Name war Sumarsono, und sein Büro war mit einer Klimaanlage ausgestattet, die auf vollen Touren lief. Es war so kalt im Zimmer, daß Sternberg nach wenigen Minuten zu frösteln begann.

»Ist Ihnen nicht kalt?« fragte er Sumarsono.

Der lachte herzlich. »Ich dachte, Sie wären solche Temperaturen gewöhnt in Deutschland. Ich genieße es, in einem kühlen Raum zu arbeiten. Das hält den Kopf frisch.«

»Ich würde mir hier die Grippe holen oder Rheuma«, antwortete Sternberg.
»Nun gut«, meinte Sumarsono, und in seinen Augen lag plötzlich eine eigenartige Härte. »Sie sind vermutlich nicht hier, um mit mir über die Klimaanlage zu sprechen. Verzeihen Sie, daß ich Sie nicht am Flughafen abgeholt habe. Es gab da eine Verzögerung mit dem Fax, das Ihre Dienststelle uns geschickt hat.«
Er lügt, dachte Sternberg. Das Fax wurde bereits beantwortet, als ich noch in München war.
»Nun«, antwortete er laut, »ich wurde ja gebührend in Empfang genommen.«
Sumarsono zog die Augenbrauen hoch.
»Ach«, sagte er, »hat Murtihardjana nicht für Ihre Bequemlichkeit und Sicherheit gesorgt?«
»Doch, doch«, lächelte Sternberg, und auch in seine Augen trat ein frostiger Schimmer. »Wenn Sie eine Art Hausarrest als bequem und sicher bezeichnen.«
»Wir sorgen uns hier sehr um die Sicherheit wichtiger Gäste«, lächelte Sumarsono zurück.
Er war nicht dick, nur ein wenig rundlich. Auf seiner rechten Wange erschien ein Grübchen, wenn er lächelte. Seine Lippen waren voll, seine Augen sehr dunkel. An seinen Fingern trug er mehrere goldene Ringe.
»Das ist sehr aufmerksam von Ihnen«, sagte Sternberg spöttisch.
Sumarsono lächelte ungerührt weiter, doch das Lächeln erreichte seine Augen nicht.
»Neben Ihrer außerordentlichen Fürsorge würde ich jedoch gern etwas über diesen mißglückten Plastikmüll-Export erfahren. Sie haben doch sicher ebenfalls Ermittlungen durchgeführt. Vielleicht wollen Sie mir etwas über die Ergebnisse mitteilen.«
Sumarsonos Lächeln erstarrte zur Maske.

»Gern«, sagte er, doch es klang wie *niemals.* »Ich werde Ihnen erzählen, was ich mit meinen Leuten herausgefunden habe. Es gibt in Jakarta ein großes Recyclingunternehmen, das verschiedene Stoffe verarbeitet: Papier und Glas z. B. In Planung ist auch eine Abteilung für Plastikabfälle. Einer der Manager hat etwas voreilig gehandelt und den Rohstoff über eine deutsche Firma bestellt. Die Firma heißt...« Sumarsono blätterte in einem Aktenordner.
»Waste«, sagte Sternberg.
»Ah ja, richtig, Waste!« Sumarsono legte den Ordner wieder zur Seite und betrachtete seine Ringe.
»Und weiter?« fragte Sternberg.
»Nichts weiter. Es handelt sich um eine vorzeitige Lieferung, die im Augenblick keine Verwertung findet. Im Grunde eine harmlose Angelegenheit.«
»So«, murmelte Sternberg, »eine harmlose Angelegenheit. Es gibt dabei aber ein paar Fragen, die offen sind. Erstens: Wer hat für die Lieferung bezahlt? Zweitens: Wer hat daran verdient? Drittens: Warum kann Greenpeace in Ihrem so gut bewachten Land diese Aktion durchführen, ohne sofort des Landes verwiesen zu werden?«
Auf Sumarsonos Stirn erschien eine kleine, steile Falte.
»Wer bezahlt hat, das weiß ich nicht. Es interessiert mich auch nicht. Eine ganz normale Geschäftsangelegenheit, denke ich. Und bei Geschäften soll doch jemand verdienen, oder? Sehen Sie, die deutsche Firma will den Plastikmüll nicht zurücknehmen, und Greenpeace ist sehr eifrig. Greenpeace wird also den Berg am Hafen abbauen und zurückbringen. Indonesien ist schließlich keine Müllhalde für reiche Industrieländer!«
Sternberg strich nachdenklich über seinen Schnurrbart und starrte auf Sumarsonos Ringe. Der zog seine Hände zurück.

»Eine sehr verwirrende Geschichte«, meinte Sternberg nach einer Weile.
»Finden Sie?« lächelte Sumarsono.
»Ja, finde ich!« Sternberg richtete sich in seinem Sessel auf. »Wäre es zuviel verlangt, wenn Sie mir den Namen des Managers sagen würden, der dieses unbedachte Geschäft abgeschlossen hat?«
»Ungern«, antwortete Sumarsono höflich. »Aber wenn es unbedingt sein muß, dann können Sie mit dem Mann sprechen. Murtihardjana wird Sie hinbringen. Allerdings werden Sie Ihre Zeit vergeuden. Sehen Sie sich lieber die Stadt an.«
»Murtihardjana wird sie mir zeigen«, grinste Sternberg.
Sumarsono hob die Augenbrauen.
»Genau das wollte ich gerade sagen!«
»Ich kann Gedanken lesen!« Sternberg sprang auf und verbeugte sich vor Sumarsono. »Ich danke Ihnen für Ihre ausführlichen Auskünfte. Es ist doch immer schön, wenn man mit Kollegen fruchtbar zusammenarbeiten kann.«
Sumarsono erhob sich ebenfalls.
»Ich wußte nicht, daß Deutsche einen so feinen Sinn für Humor haben«, antwortete er und reichte Sternberg die Hand mit den vielen Ringen. »Wenn Sie meine Hilfe brauchen, dann stehe ich jederzeit zu Ihrer Verfügung.«
Sternberg nickte. Sumarsono begleitete den Kommissar zur Tür und übergab ihn an Murtihardjana, der draußen gewartet hatte. Sternberg spürte Wut in sich aufsteigen. Seine Beine begannen regelrecht zu kribbeln.
Ich werde dich schon noch abschütteln, du mieser kleiner Aufpasser, dachte er und lächelte den Offizier strahlend an.

Als sie das tiefgekühlte, glasblitzende Gebäude der Polizeizentrale verließen, traf Sternberg die feuchtheiße Luft wie ein Schlag in den Magen. Murtihardjana steuerte auf einen dunkelblauen Mercedes zu, der in der Nähe des Gebäudes parkte.

»Ah, haben wir den Wagentyp gewechselt?« fragte Sternberg.

Murtihardjana öffnete die Tür für den Kommissar.

»Wohin fahren wir?« fragte Sternberg.

»General Sumarsono sagte, ich solle Sie zu einem Manager der Recyclingfirma bringen.«

Sternberg ließ sich in die weichen Polster des Rücksitzes fallen und rang nach Luft.

Dieses Land ist einfach zu heiß, dachte er, die Luft ist zu dick, und außerdem verstehe ich nicht, was hier eigentlich gespielt wird. Carla würde sagen: Das ist eine tropische Sumpflandschaft.

Murtihardjana fuhr diesmal selbst. Er lenkte den Wagen in einen ruhigen Vorort. Elegante Villen lagen hier versteckt unter riesigen Bäumen mit breiten Kronen. Das Gras war hier nicht braun verbrannt wie auf den großen Plätzen der Stadt.

»Wird er denn zu Hause sein?« fragte Sternberg.

»Er wird«, antwortete der Offizier.

Sternberg fühlte sich unbehaglich. Der Mercedes rollte langsam durch die stillen Straßen und hielt schließlich vor der Auffahrt einer stattlichen Villa. Sternberg stieg aus und schaute sich um. Irgend etwas störte an diesem Bild von Reichtum und Schönheit. Das Grundstück war mit einem hohen Stacheldrahtzaun umgeben.

»Ist das hier üblich?« fragte Sternberg seinen Begleiter und wies auf den Zaun.

»Viele Leute schützen sich auf diese Weise vor Einbre-

chern«, antwortete Murtihardjana. »Das ist ganz normal.«
Der Offizier klingelte am Tor. Eine ältere Indonesierin im bunten Sarong kam den Gartenweg herab und fragte etwas. Der Offizier antwortete auf Bahasa Indonesia, und sie kehrte zum Haus zurück.
»Sie wird uns anmelden«, erklärte Murtihardjana.
Ich wette, daß wir schon längst angemeldet sind, dachte Sternberg.
Nach einer Weile erschien die Frau wieder, verbeugte sich und öffnete das Tor. Zwischen blühenden Oleanderbüschen gingen sie zum Haus hinauf, das etwas erhöht in einem Bambushain lag. Sternberg entdeckte einen Teich, in dem große Goldfische schwammen.
Die Frau lief vor ihnen her, hielt die Haustür auf und verbeugte sich mehrmals. An ihren Füßen trug sie Plastiksandalen, die ein wenig quietschten.
Die Eingangshalle war prächig eingerichtet. Schwere geschnitzte Truhen standen an den Wänden, chinesische Bodenvasen und Stühle mit glänzenden Brokatbezügen.
Er ist Chinese, dachte Sternberg. Er muß Chinese sein. Kein Indonesier würde sich mit chinesischen Möbeln einrichten.
Die kleine Frau klopfte an eine Tür, dann verschwand sie im Hintergrund der Halle. Ein schlanker, großer Mann trat aus der Tür und kam auf sie zu. Er war ganz offensichtlich Chinese, trug einen eleganten Anzug und ein sehr weißes Hemd.
Der Mann verbeugte sich wie zuvor seine Hausangestellte, dann erst schüttelte er Sternberg die Hand.
»Was kann ich für Sie tun?« fragte er höflich in perfektem Englisch.
Murtihardjana begann auf den Mann einzureden. Natürlich auf indonesisch.

»Entschuldigen Sie, mein Freund«, unterbrach Sternberg den Offizier. »Ich möchte mich gern mit diesem Herrn unterhalten. Am liebsten natürlich allein, wenn das möglich wäre. Sie können ja draußen auf mich aufpassen.«
Murtihardjana schüttelte den Kopf.
»Das geht leider nicht. Ich soll die Ermittlungen mit Ihnen gemeinsam führen. Wir sind Kollegen, Kommissar Sternberg!«
Sternberg spürte wieder das Kribbeln in seinen Beinen. Am liebsten hätte er seinen Bewacher gepackt und in den Goldfischteich geworfen.
»Gut, gut«, lächelte er statt dessen, und ihm war klar, daß er überhaupt nichts erfahren würde. Außerdem hatte sich der elegante Chinese noch nicht einmal richtig vorgestellt.
»Ich habe Ihren Namen nicht richtig verstanden«, sagte Sternberg deshalb freundlich.
»Oh, ich habe mich noch nicht vorgestellt, verzeihen Sie. Mein Name ist Sumampow, Nathan Sumampow.«
Sternberg sah den Mann verwirrt an. Nathan Sumampow war absolut kein chinesischer Name. Plötzlich fiel ihm ein, daß die chinesische Minderheit in Indonesien gezwungen wurde, indonesische Namen anzunehmen. Chinesische Namen waren seit dem angeblichen kommunistischen Putschversuch im Jahre 1965 verboten.
Der Kommissar räusperte sich und stellte sich ebenfalls vor. Sumampow bat seine Besucher in ein Nebenzimmer, das ebenso verschwenderisch ausgestattet war wie die Halle. Auch die kleine Frau erschien wieder. Sie servierte grünen Tee und Reisgebäck.
»Oder wünschen Sie lieber Kaffee, einen Drink?« fragte Sumampow.
Sternberg schüttelte den Kopf.
»Hoffentlich hatten Sie einen guten Flug«, sagte der Geschäftsmann.

Mein Gott, dachte Sternberg. Die sind alle Weltmeister im Versteckspielen. Ich muß mich zusammenreißen und höflich bleiben, sonst erreiche ich überhaupt nichts.
»Danke, mein Flug war wunderbar. Ich kann mir keine angenehmere Art des Reisens vorstellen«, antwortete er.
Sumampow nickte ernsthaft.
»Ich persönlich fliege nicht besonders gern«, bemerkte er.
»Ach?« fragte Sternberg mit gespieltem Erstaunen.
»Es geht zu schnell«, erläuterte Sumampow. »Es ist unnatürlich, innerhalb von wenigen Stunden die halbe Erde zu umkreisen. Der Körper wird transportiert, doch der Geist und die Seele eines Menschen können nicht folgen. Das ist jedenfalls meine Überzeugung, obwohl ich sehr häufig mit dem Flugzeug unterwegs bin.«
Ein Philosoph, dachte Sternberg. Ein Philosoph, der Geschäfte mit Müll macht. Interessante Mischung!
»Haben Sie die Lieferung des Plastikmülls auf einer Ihrer Flugreisen vereinbart?« fragte Sternberg harmlos.
Sumampows Gesicht verschloß sich. Er nahm langsam einen Schluck Tee.
»Die Herren von Waste haben uns hier besucht«, sagte er schließlich.
»Wäre es möglich, daß ich einen Blick auf den Vertrag werfen könnte? Sehen Sie, es geht um die Summen, die bezahlt wurden. Die Lage ist ziemlich kompliziert. Irgendwer muß den Plastikberg wieder abtragen – Greenpeace wird das nur symbolisch tun.«
Sumampow stützte das Kinn auf seinen Handrücken. Seine Augen wurden sehr schmal, und er schien nach innen zu blicken. Sternberg warf einen Blick auf Murtihardjana, der aufmerksam der Unterhaltung zuhörte.
Carla hätte ihren Spaß an den beiden, dachte Sternberg. Mal sehen, was der Herr Manager sich jetzt ausdenkt.
»Das Ganze ist eine sehr bedauerliche Angelegenheit«,

seufzte Sumampow nach einer Weile. »Sehen Sie, wir haben diese Lieferungen zwar bestellt, den Vertrag jedoch rechtzeitig wieder gekündigt, da unsere Verarbeitungsanlage nicht in Bau gehen konnte. Die Firma Waste hat trotzdem fünf Schiffe mit Plastikmüll geschickt und hier gelöscht. Wir haben nicht bezahlt für diesen Rohstoff, deshalb sind wir weder Besitzer noch dafür verantwortlich. Eigentlich müßte Waste die Lieferungen wieder zurücknehmen.«

»Moment«, sagte Sternberg und beugte sich vor. »Habe ich Sie richtig verstanden? Sie haben keinen gültigen Liefervertrag mehr? Aber wer hat denn dann bezahlt? Waste schickt doch nicht fünf Schiffe um die Welt, ohne einen Gewinn davon zu haben.«

Sumampow lächelte höflich.

»Vielleicht wollte Waste diese Waren einfach loswerden? Das ist doch schon mehrmals mit deutschem Sondermüll geschehen!«

Sternberg dachte nach. Er war sich ganz sicher, daß der Manager wußte, wer bezahlt hatte.

Der Kommissar trank einige Schlucke des bitteren grünen Tees. Sumampow ließ ihn nicht aus den Augen.

»Ich hoffe, Herr Kommissar, daß Sie einen angenehmen Rückflug haben werden. Meine Firma hat jedenfalls nichts mit dem Müllberg am Hafen zu tun. Es ist ausschließlich Sache Ihres Landes.«

Sternberg stand auf und ging zur Terrassentür. Während er in den blühenden Garten hinaussah, hatte er plötzlich eine Art Vision. Er sah Menschen in zerrissenen T-Shirts barfuß Müll sortieren, während ihr Manager vor seinem Goldfischteich meditierte. Sternberg schüttelte sich leicht. Er hatte das dringende Bedürfnis, ins Hotel zu fahren, um in Ruhe nachzudenken und mit Carla zu telefonieren.

Langsam wandte er sich um. Sumampow und Murtihardjana saßen schweigend in ihren Sesseln und beobachteten den deutschen Kommissar.

Sternberg ging unruhig in seinem Hotelzimmer auf und ab. Er fühlte sich irgendwie verloren und gänzlich überflüssig in diesem fremden Land. Vom Fenster aus konnte er auf die kleinen Häuser und Innenhöfe einer Wohnsiedlung hinuntersehen. Es war offensichtlich keine Luxussiedlung, sondern ein Platz für einfache Menschen. Kinder spielten auf den ungeteerten Wegen, Frauen hängten Wäsche auf Schnüre, die zwischen den Häusern gespannt waren. Ganz in der Ferne erkannte Sternberg die Wolkenkratzer des Stadtzentrums. Sie wurden vom Dunst der Abgase fast verhüllt.

Der Kommissar wartete auf seine Telefonverbindung nach München. Bereits vor einer halben Stunde hatte er das Gespräch angemeldet. Murtihardjana wartete unterdessen in der Halle des Hotels. Wenigstens saß er nicht direkt vor Sternbergs Zimmertür.

Der Kommissar blieb am Fenster stehen und beobachtete vier kleine Jungen, die ein Loch in die Erde gruben. Die Kinder saßen auf ihren Fersen und arbeiteten angestrengt. Nach einer Weile steckten sie etwas in das Loch. Ihre Köpfe waren einen Augenblick lang nah beieinander, dann rannten sie davon.

Es blitzte und knallte so heftig, daß Sternbergs Fenster erzitterte. Eine dunkle Rauchwolke stieg aus dem Loch, das plötzlich dreimal so groß geworden war. Vorsichtig spähten die Jungen um die Hausecke, hinter der sie sich versteckt hatten.

Schwarzpulver, dachte Sternberg und lächelte. Das habe ich auch gemacht, als ich noch klein war. Kann ziemlich gefährlich werden. Die einzige Ohrfeige, die mir meine Mutter jemals gegeben hat, habe ich dafür bekommen.
Sternberg konnte nicht mehr beobachten, wie die indonesischen Mütter auf die Explosion reagierten, denn endlich klingelte das Telefon. Er griff nach dem Hörer und warf sich aufs Bett.
»Hallo!« rief er.
»Ihre Verbindung, Sir«, sagte eine höfliche Frauenstimme.
»Danke!«
»Philip, bist du es?« fragte Carla.
»Wer sonst?« antwortete Sternberg.
»Wie geht es dir?«
»Es ist heiß, es stinkt, und der Fall ist so undurchsichtig wie die Luft hier. Kurz, ich brauche deine Hilfe.«
»Soll ich gleich losfliegen?« lachte Carla.
»Das wäre wunderbar, denn ich langweile mich. Das Leben als Einzelkämpfer ist nichts für mich. Aber in München bist du zur Zeit besser aufgehoben und auch nützlicher. Fühl doch der Firma Waste mal auf den Zahn. Ich möchte gern wissen, wie die ihre Mülltransporte nach Indonesien finanziert haben. Frag sie doch mal nach dem Liefervertrag und mit welcher Begründung sie ihren Dreck nicht selbst abholen. Die Antworten interessieren mich sehr. Und geh nicht allein. Nimm einen Kollegen mit. Die Sache ist ziemlich heiß!«
Ein paar Sekunden lang blieb es still in der Leitung.
»Bist du noch da, Carla?«
»Ja«, antwortete sie. »Glaubst du im Ernst, daß ich eine Antwort auf deine Fragen bekommen werde? Sie werden mir Märchen erzählen.«
»Vermutlich«, bestätigte Sternberg und streifte den Schuh

von einem Fuß, »aber es wird sie nervös machen. Vielleicht haben sie gehofft, daß niemand Fragen stellen wird. Sie haben bestellten Plastikmüll geliefert, und damit basta. Für die liegt die Verantwortung jetzt in Indonesien. Die Sache mit Greenpeace wird ihnen nicht passen, aber sie glauben vermutlich, daß sie trotzdem durchkommen.«

»Meinst du, die sind wirklich so naiv?« fragte Carla. Sie hatte inzwischen ein Bein auf den Schreibtisch gelegt.

Sternberg schleuderte den zweiten Schuh in die Ecke seines Zimmers und streckte sich auf dem Bett aus.

»Weißt du, was dieses Gespräch kosten wird?« fragte Carla.

»Ist mir egal. Ich bezahle mit Kreditkarte. Zu Hause werde ich Burger die Rechnung geben.«

Carla lächelte und lehnte sich zurück.

»Dann erzähl doch noch ein bißchen, wie es so läuft.«

Sternberg schilderte Carla die Gespräche, die er im Lauf des Tages geführt hatte. Er schmückte die Geschichten ein wenig aus, und Carla lachte mehrmals herzlich.

»Kannst du deinen kleinen Bewacher nicht abschütteln?« fragte sie. »Ich hoffe, du hast dir die Adresse des feinen Managers gemerkt. Vielleicht erzählt er ein bißchen mehr, wenn Murti ... – wie heißt er?«

»Murtihardjana!«

»Also, vielleicht sagt er mehr ohne die wachsamen Ohren dieses Herrn.«

»Unwahrscheinlich«, meinte Sternberg.

»Und die Greenpeacer?«

»Haben keine Ahnung. Sie sind nur ganz begeistert von ihrer Aktion. Es kann ihnen ja auch egal sein. Sie haben, was sie brauchen: Müll und eine Aktion.«

»Wer hat denn deiner Meinung nach bezahlt?« fragte Carla.

»Die Indonesier bestimmt nicht!« Sternberg beugte sich

zu dem kleinen Kühlschrank neben dem Bett und angelte sich eine winzige Flasche Whisky. Er stöhnte, weil sich der Schraubverschluß des Fläschchens nicht bewegen ließ.
»Wer dann?« fragte Carla. »Was machst du eigentlich, du gibst so merkwürdige Geräusche von dir?«
»Ich versuche gerade, eine sehr kleine Flasche zu öffnen!«
»Was ist in der Flasche?«
»Whisky!«
»Wenigstens bist du ehrlich. Behalte lieber einen klaren Kopf!«
»Die Flasche ist wirklich sehr klein. Es ist mehr ein Witz, ein Fingerhut!«
»Prost!« sagte Carla.
»Danke!« Sternberg hatte das Fläschchen endlich geöffnet und setzte es an die Lippen.
»Wie schmeckt's?« fragte Carla.
»Es kratzt im Hals«, antwortete Sternberg und hustete.
»Bist du eigentlich einsam?« fragte Carla, und ihre Stimme klang spöttisch.
»Ja, du fehlst mir. Du hättest deine Freude an den seltsamen Gestalten hier. Es ist langweilig, allein Fragen zu stellen und blöde Antworten zu hören.«
»Du Armer!«
»Mach dich nicht über mich lustig!«
»Mach ich doch gar nicht. Hier ist es auch langweilig ohne dich. Aber ich glaube, wir machen besser Schluß, sonst platzt deine Kreditkarte. Ich werde mich bei Waste umhören und dir Bescheid geben.«
»Danke, Kollegin – mach's gut. Paß auf dich auf!«
»Du auch, Philip.«
Langsam legte Sternberg den Hörer zurück und verschränkte die Arme hinter dem Kopf. Erst in diesem Augenblick wurde ihm bewußt, daß er rund 15000 Kilome-

ter von München entfernt war. Es gefiel ihm überhaupt nicht.
Australien ist noch weiter weg, dachte er schaudernd.
Eine Weile lag er ganz still.
Ich kann überhaupt nichts machen, dachte er. Wenn ich mich aus dem Hotel schleiche, habe ich als einzigen Anhaltspunkt diesen Manager. Warum sollte er mir irgend etwas sagen? Er wird den Teufel tun. Die einzige Möglichkeit sind die Greenpeacer. Vielleicht haben sie doch einen Menschen kennengelernt, der über diese Geschäfte etwas weiß.
Sternberg schloß die Augen. Er fühlte sich angenehm müde.
Ich könnte einfach hier liegenbleiben und schlafen, dachte er. Eigentlich wäre das die beste Lösung. Es wird ohnehin schon dunkel, und ich habe sicher einen Jetlag. Das haben alle Leute, die um die halbe Welt fliegen. Jetlag, das bedeutet, man hat den Tag überholt und ist selbst noch nicht angekommen. Sumampow hatte ganz recht. Meine Seele ist sicher noch in München. Ich sollte also warten, bis sie hier ankommt.
Das Telefon klingelte unangenehm laut neben seinem rechten Ohr. Träge griff Sternberg nach dem Hörer.
»Ja«, murmelte er verschlafen.
»Bist du es Philip? Hier ist Jens Hansen.«
»Oh, hallo!« Sternberg kehrte nur mühsam aus seinem Dämmerzustand zurück.
»Wir würden heute abend ganz gern mit dir reden«, sagte Hansen. »Wenn möglich, ohne unsere Bewacher!«
»Ach, wieso?« fragte Sternberg. »Die sind doch ganz nett. Wir können außerdem deutsch reden, dann verstehen sie nichts.«
Hansen lachte.
»Wir haben unsere aber schon abgehängt. Mal sehen, ob

du das auch schaffst, Herr Kommissar! Wir sind in einem kleinen Restaurant in der Djalan Diponegoro 21. Das Restaurant heißt ›Golden Dragon‹. Du mußt ein Taxi nehmen. Schaffst du das?«
»Mal sehen«, brummte Sternberg. »Mein Freund Murtihardjana sitzt unten in der Halle.«
»Versuch's«, drängte Hansen. »Wir warten auf dich. Bis gleich!«
Sternberg setzte sich auf den Bettrand und massierte seinen Nacken.
»Na gut!« rief er laut. »Dann spielen wir eben mal wieder James Bond oder so was!«
Er sprang auf, zog ein frisches Hemd an, schnallte seine Bauchtasche um und schlüpfte in seine Schuhe. Dann warf er wieder einen Blick in den Spiegel, fuhr sich mit den Fingern durchs Haar und nickte sich zu.
An der Tür atmete er tief durch. Vorsichtig spähte er auf den Flur hinaus. Niemand war zu sehen. Der Kommissar zog die Tür leise ins Schloß und ging zur Treppe. Vom ersten Stock aus konnte er die Halle überblicken. Murtihardjana saß in der Nähe des Ausgangs und las in einer Zeitung. Gerade war offensichtlich eine Reisegruppe angekommen, denn die Halle quoll über von Menschen und Koffern.
Sternberg nahm den Lift. Wenn er die Treppe benutzte, würde Murtihardjana ihn sofort sehen. Der Ausgang des Lifts aber lag hinter der Rezeption. Es war einfach, unbemerkt den Fahrstuhl zu verlassen, denn mindestens zehn Leute standen dicht gedrängt zwischen Sternberg und seinem Bewacher. Murtihardjana hatte inzwischen seine Zeitung weggelegt und schaute interessiert den Touristen zu.
Schlecht, dachte Sternberg. Durch den Ausgang komme ich so nie.

Er schlüpfte in einen Seitengang, der wohl zur Küche des Hotels führte, denn mehrere Kellner liefen an ihm vorüber. Langsam ging Sternberg bis ans Ende des Ganges. Durch eine halbhohe Schwingtür konnte er in die Küche sehen. Am anderen Ende der Küche gab es noch eine Tür. Sie stand offen. Sternberg erkannte die Umrisse von Mülltonnen.

Der Kommissar stieß die Schwingtür auf und trat zwischen die Köche und ihre Gehilfen. Er kam jedoch nur wenige Meter weit, dann faßte ihn ein Mann in weißer Schürze am Arm. Er schüttelte den Kopf, rief etwas auf indonesisch und wies zur Schwingtür.

Sternberg lächelte ihn an, verbeugte sich und ging weiter. Der Koch aber fing an zu schreien, und plötzlich starrten alle den Eindringling an. Sternberg begann zu laufen, schon hatte er die Tür erreicht, da stellte sich ihm ein kräftiger junger Mann in den Weg. Sternberg schleuderte ihn mit einem Judogriff zur Seite.

»Sorry!« rief er und stolperte zwischen die Mülltonnen des Hotels. Drei der Tonnen kippte er hinter sich um, dann rannte er weiter. Der Hinterhof führte direkt in das angrenzende Wohnviertel. Sternberg lief in die dunklen Gassen hinein. Einmal links, einmal rechts, dann blieb er keuchend stehen. In der Ferne konnte er noch immer die aufgeregten Stimmen des Küchenpersonals hören.

Zwischen den kleinen Häusern leuchteten nur wenige, schwache Laternen.

Ich muß zur Hauptstraße zurück, dachte Sternberg. Hier finde ich nie ein Taxi!

In weitem Bogen umrundete er das Hotel, das wie ein heller Turm über der Siedlung aufragte. Nur wenige Menschen begegneten ihm. Sie starrten ihn neugierig an. Es verirrten sich wohl nur selten Europäer hierher, obwohl das Hotel so nahe lag. Beinahe hatte der Kommissar die

Hauptstraße erreicht, da berührte etwas sein Bein. Erschrocken blieb Sternberg stehen. Ein Mensch saß zusammengesunken am Rand des Weges. Sternberg konnte nur seine Umrisse erkennen. Er beugte sich hinab. In diesem Augenblick streiften die Scheinwerfer eines vorüberfahrenden Wagens über die Gestalt. Sternberg nahm eine ausgestreckte Hand mit verkrüppelten Fingern wahr, ein entstelltes Gesicht, das die Grimasse eines Lächelns zeigte. Er zuckte zurück.

Lepra! dachte er.

Hastig zog er ein paar Rupiahscheine aus seiner Hosentasche und steckte sie dem Wesen in die Hand. Er konnte nicht einmal erkennen, ob es ein Mann oder eine Frau war.

Sternberg lief weiter. Er wischte seine Hand an den Jeans ab, obwohl er den Aussätzigen nicht einmal berührt hatte. Da war die Hauptstraße! Er schaute zum Hotel hinüber. Drei Taxis standen davor. Sternberg schlenderte hinüber, als hätte er einen Spaziergang gemacht, sprang in das erste Taxi und nannte die Adresse, die Hansen ihm gesagt hatte. Der Fahrer nickte und raste los.

Ich weiß nicht mal, was langsam auf indonesisch heißt, dachte Sternberg. Er nahm sich vor, am nächsten Tag im Wörterbuch nachzuschlagen.

20 Minuten später hielt der Wagen vor dem ›Golden Dragon‹. Sternberg bezahlte – zuviel, wie er vermutete – und stieg aus. Niemand war ihm gefolgt. Er hatte Murtihardjana tatsächlich abgeschüttelt.

Ein riesiger goldener Drache wachte vor dem Lokal. Hinter sein rechtes Ohr hatte jemand eine rote Hibiskusblüte gesteckt. Sternberg trat durch einen Fliegenvorhang aus bunten Perlenschnüren in den halbdunklen Gastraum. Seine Augen wanderten suchend an den Tischen entlang. Die beiden Greenpeacer saßen in einer besonders dunklen Ecke, ganz am Ende des Raumes. Sternberg ging langsam auf sie zu.

»Ganz allein, Herr Kommissar?« fragte Hansen. »Du hast es also auch geschafft. Bist du durchs Fenster geklettert oder hast du ihn k.o. geschlagen?«

»Weder noch«, grinste Sternberg. »Ich habe das Küchenpersonal meines Hotels in Aufruhr versetzt und mehrere Mülltonnen umgeworfen.«

Peter Krämer lachte laut.

»Das hätte ich gern gesehen. Wir sind durchs Klofenster getürmt und in einem Oleanderbusch gelandet.«

»Eigentlich hätten wir die Jungs ja auch mitnehmen können«, meinte Sternberg. »So ist es zwar lustiger, doch wahrscheinlich werden morgen alle wesentlich unfreundlicher zu uns sein.«

»Ist mir egal!« sagte Krämer.

»Mir eigentlich auch«, sagte Sternberg, »aber ich bin nicht nur ich, sondern auch ein offizieller Vertreter der deutschen Umweltpolizei. Das liegt also mehr im politischen Bereich. Die indonesischen Kollegen könnten das übelnehmen.«

»Wie du festgestellt haben dürftest, ist das hier nicht der Inbegriff eines demokratischen Staates. Außerdem sind unglaublich viele Leute hier total korrupt. Die Menschen sind einfach zu arm, um nicht bestechlich zu sein, aber am bestechlichsten sind die Reichen. Du glaubst nicht, was du hier mit Geld erreichen kannst. Du bekommst zum Beispiel eine Lizenz zum Abholzen tropischen Regenwaldes oder zum Abladen von Plastikmüll am Hafen.«

»Aha«, meinte Sternberg, »daraus schließe ich, daß ihr etwas über unser Kunstwerk am Hafen herausgefunden habt.«

Ein Kellner trat an ihren Tisch und verbeugte sich.

»Ein Bier und ein Nasi Goreng«, sagte Sternberg.

Der Kellner verbeugte sich wieder.
»Wir haben ein paar Hinweise bekommen«, sagte Jens Hansen und verschränkte die Arme vor seiner Brust. »Dabei haben wieder einige Rupiahscheine geholfen. Einer unserer Informanten aber wollte kein Geld. Er kam zu uns, weil er die Sache einfach schlimm findet. Außerdem hat er sich geärgert, daß die feinen Manager seiner Firma die dicke Kohle bei der Sache einstecken.«
»Und was hat dieser edle Mensch euch erzählt?« fragte Sternberg.
»Wieviel spuckst du für diese Information aus, Herr Kommissar?« grinste Peter Krämer.
»Eins zu null«, sagte Sternberg und trank einen Schluck Bier, das der Pa vor ihn hingestellt hatte. Er wischte sich den Schaum vom Schnurrbart. »20 Rupiah!«
»Zu wenig!« rief Peter Krämer empört. »Das sind ja höchstens zwei Bier. Dafür lockst du hier keinen hinter dem Ofen vor.«
»Jetzt aber mal ernsthaft«, unterbrach Hansen die beiden. »Unser Informant will verständlicherweise nicht genannt werden. Er ist ein mittlerer Angestellter der Recyclingfirma, die das Plastikgeschäft angeleiert hat. Aber er hat Einblick in bestimmte Bücher und Bankauszüge. Der Mann konnte nichts Genaues sagen, doch er berichtete von ziemlichen Summen, die über die Konten gelaufen sind. Und er vermutet, daß diese Geschichte über einen Kredit finanziert worden ist. Das Geld soll angeblich aus Deutschland stammen. Auf jeden Fall scheinen alle Beteiligten gut daran verdient zu haben. Der Informant meinte auch, daß vielleicht jemand von der deutschen Botschaft beteiligt sein könnte und sicher auch ein paar Beamte bei der Polizei, ganz abgesehen von den Managern.«
Sternberg saß ganz still, trank vorsichtig noch einen Schluck Bier. Er hatte genau zugehört und gleichzeitig

weitergedacht. Die Sache war also weit schlimmer, als er befürchtet hatte. Es handelte sich offensichtlich um einen riesigen Bestechungsfall, in den viele Personen aus verschiedenen Ämtern und Funktionen verstrickt waren.
Wenn es sich tatsächlich um einen deutschen Kredit handelte, dann mußte es ein Kredit aus dem Bereich der Entwicklungshilfe sein. Möglicherweise sogar eine Hermes-Bürgschaft, also ein Kredit, den sich Waste vom Staat finanzieren ließ.
Sternberg starrte auf die Platte mit dem gebratenen Reis, die der Kellner vor ihn hinstellte. Er hatte plötzlich keinen Hunger mehr.
»Noch ein Bier«, sagte er.
Der Pa lächelte und verbeugte sich.
»Was ist denn los? Du bist plötzlich so schweigsam«, sagte Hansen.
»Seltsam, daß du dich darüber wunderst«, murmelte Sternberg.
Er beugte sich vor und sah die beiden Greenpeacer durchdringend an.
»Wenn das stimmt, was ihr beiden da herausbekommen habt, dann haltet ihr besser den Mund, bis ihr wieder heil in Deutschland seid.«
»Wieso denn das?« fragte Krämer. »Das ist wieder typisch. Bloß keinen Ärger mit einer befreundeten Nation! Das steckt doch dahinter, oder?«
»Blödmann!« antwortete Sternberg scharf. »Es geht schlicht um eure Sicherheit. Indonesische Gefängnisse sind nicht besonders angenehm. Außerdem könnte euch etwas zustoßen. Es gibt bedauerliche Unfälle beim Beladen von Schiffen, Straßenräuber und wer weiß was. Packt euren Müll so schnell wie möglich ein und schippert nach Hamburg. Macht eure Arbeit und sonst gar nichts. Diese Geschichte können wir nicht hier klären. Das muß bei uns

aufgerollt werden. Ich jedenfalls werde morgen zur australischen Botschaft gehen, mein Visum abholen und so schnell wie möglich wegfliegen. Ich hatte heute eine sehr unangenehme Begegnung mit einem Polizeigeneral. Wie unangenehm, das wird mir erst jetzt klar.«

Die beiden jungen Männer starrten Sternberg verblüfft an.

»Na«, stammelte Krämer, »das nenne ich einen echt mutigen Polizeikommissar. Ein Vorbild für uns alle!«

»Red keinen Quatsch, Mann!« Sternberg schob seine Reisplatte zur Seite. »Ich meine das wirklich ernst. Warum, glaubt ihr, werden wir ständig überwacht? Das ist keine kollegiale Zusammenarbeit, und es ist auch nicht normal. Das bedeutet knallharte Kontrolle, weil verhindert werden soll, daß wir etwas herauskriegen.«

Jens Hansen drehte sein Bierglas zwischen beiden Händen.

»Wahrscheinlich hast du recht«, sagte er nach einer Weile. Er hob den Kopf und sah Sternberg an.

»Und was wird aus dem Plastikmüll, den wir nicht in unserem Schiff unterbringen?«

»Die Rückführung kann nur von Deutschland aus organisiert werden. Und das wird passieren, das garantiere ich euch! Diesen Skandal kann die Bundesregierung nicht auf sich sitzen lassen.«

»Wer weiß«, knurrte Krämer. »Ich trau denen alles zu. Denk nur an den Giftmüll in Rumänien. Greenpeace mußte sich regelrecht auf den Kopf stellen, ehe der Umweltminister sich entschließen konnte, das Zeug endlich abholen zu lassen.«

»Ja, ich weiß«, antwortete Sternberg, »aber diesmal wird es schneller gehen. Meine Kollegen ermitteln bereits in Deutschland. Wenn ich ihnen diese Informationen weitergebe, dann werden sie bald Erfolg haben. Ich würde vorschlagen, daß wir jetzt in unsere Hotels zurückfahren und versuchen, möglichst unbemerkt in unsere Zimmer zu kommen. Das könnte uns eine Menge Ärger ersparen.«

»Ich glaube, der Kommissar hat recht«, sagte Hansen und winkte den Kellner herbei.

Sie zahlten und verließen gemeinsam das Lokal.

»Wir sehen uns in Hamburg«, lächelte Sternberg. »Ich werde euch besuchen. Hab ich euch schon gesagt, daß ich eure Arbeit prima finde?«

»Na, so was!« rief Krämer. »Da bin ich aber platt!«

Sternberg winkte den beiden zu und stieg in eines der Taxis, die vor dem Restaurant auf Kunden warteten. Diesmal ging die Fahrt langsamer, doch das lag vor allem an der Altersschwäche des Gefährts.

200 Meter vor seinem Hotel ließ Sternberg sich absetzen und schlug den Weg ein, den er gekommen war. Kurz darauf stand er wieder vor den Mülltonnen am Kücheneingang. Die Tonnen waren wieder aufgestellt worden, der verstreute Müll sorgsam zusammengekehrt. Trotzdem stank es, und eine fette Ratte flüchtete in die Dunkelheit.

Sternberg öffnete entschlossen die Tür, lächelte freundlich und hob grüßend eine Hand. Diesmal gab es keinen Aufruhr in den Küche. Er wurde nur angestarrt wie ein Außerirdischer. Gemächlich schlenderte der Kommissar durch die Küche, verbeugte sich nochmals, als er die Schwingtür erreichte, und rannte dann den Flur entlang zum Lift. Die Halle war fast leer. Sternberg duckte sich hinter die Rezeption. Er hatte unglaubliches Glück, denn der Fahrstuhl stand für ihn bereit. Wenige Minuten später stand er unter der lauwarmen Dusche.

Vielleicht hat Murtihardjana mein Verschwinden nicht mal bemerkt, dachte er.

Murtihardjana begrüßte den Kommissar am nächsten Morgen so höflich wie immer.
Er hat es wirklich nicht gemerkt, dachte Sternberg. Oder er will mir nicht zeigen, daß er es weiß.
»Wohin soll ich Sie heute bringen?« fragte der Offizier.
»Erst zur australischen Botschaft und dann zum Büro der Luftfahrtgesellschaft Garuda.«
»Aha«, sagte Murtihardjana erstaunt. »Wollen Sie verreisen?«
»Ja«, grinste Sternberg. »Ich verfolge die Spuren der internationalen Müllmafia nach Australien.«
Murtihardjana warf dem Kommissar einen forschenden Blick zu. Vielleicht war dieser deutsche Kommissar doch ein wenig verrückt.
In der australischen Botschaft lag das Einreisevisum schon für Sternberg bereit. Es bestand aus einem Aufkleber, der in seinen Paß geheftet wurde. Der Aufkleber berechtigte Mr. Philip Sternberg ein Jahr lang, für jeweils drei Monate nach Australien einzureisen. Die Botschaftsangestellte war sehr höflich und wirkte auf Sternberg mehr britisch als australisch. Allerdings wußte Sternberg nicht so genau, wie Australierinnen aussahen oder sich benahmen. Er stellte sich vor, daß sie handfeste Farmersfrauen waren, die Stiefel und Jeans trugen, rauh aber herzlich. Aber er wußte auch, daß es sich dabei um ein plumpes Vorurteil handelte.
Nach dem Besuch in der australischen Botschaft fuhr Murtihardjana den Kommissar zum Garuda-Büro. Eine wunderschöne junge Frau mit großen, schwarzen Augen und pechschwarzen Haaren buchte Sternbergs Flug nach Perth, der Hauptstadt von Westaustralien.
Mit ernstem Gesicht bearbeitete sie ihren Computer, dann lächelte sie Sternberg strahlend an.

»Sie haben Glück. In der Maschine, die morgen um 10.20 Uhr startet, ist noch ein Platz frei.«
»Den nehme ich!« Sternberg lächelte ebenfalls.
Die junge Frau errötete und senkte den Kopf über ihren Computer, um das Ticket auszufüllen.
»Wie lange wird die Maschine unterwegs sein?«
»Dreieinhalb Stunden«, antwortete die Frau.
»Das ist ja fast nichts!«
»Es sind immerhin dreieinhalb Stunden«, lachte sie und reichte ihm das Ticket. »Also, um 10.20 Uhr. Sie müssen eine Stunde vor Abflug am Flughafen sein. Guten Flug!«
»Danke!« Sternberg verbeugte sich nach indonesischer Art vor dem Schalter, und sie lachte wieder.
Es gibt auch wirklich nette Leute hier, dachte der Kommissar. Man sollte sich nicht ausschließlich mit Polizisten abgeben!
Den Rest des Tages verbrachte Sternberg mit unzähligen Telefongesprächen. Er berichtete Carla von seinen Vermutungen, sprach mit einem Staatssekretär des Umweltministeriums, mit Burger, mit der Greenpeace-Zentrale in Hamburg, und er meldete seinem Freund Gregor die Ankunftszeit seiner Maschine in Perth.
»Ich werde dasein!« schrie Gregor begeistert ins Telefon. »Obwohl ich es noch immer nicht glauben kann, daß du wirklich kommst!«
»Du kannst dich drauf verlassen! Ich werde dasein, falls das Flugzeug nicht abstürzt!«
»Red keinen Quatsch«, lachte Gregor. »Es kann höchstens sein, daß ihr nocheinmal durchstarten müßt, falls der Pilot die Landebahn wieder mal nicht findet.«
»Das klingt sehr beruhigend!«
»Reg dich nicht auf. Bisher haben alle Piloten den Flughafen nach einiger Zeit doch noch gefunden«, antwortete Gregor.

»Dann bis morgen!«
»Bis morgen, Philip! Ich freu mich!«
Am späten Nachmittag hatte Sternberg alles erledigt. Er beschloß, den Abend im Hotel zu verbringen und die Kunst der Köche zu testen, die er so erschreckt hatte.
Als Murtihardjana ihn am nächsten Morgen zum Flughafen fuhr, fühlte sich Sternberg unruhig wegen des bevorstehenden Fluges und gleichzeitig erleichtert, daß er Jakarta verlassen konnte. Auf dem Weg zum Flughafen kamen sie an einem riesigen Denkmal vorüber. Es stellte zwei Freiheitskämpfer dar, die gewaltige Ketten sprengten. Sternberg fragte Murtihardjana nach der Bedeutung des Monuments.
»Es ist eine Erinnerung an den Unabhängigkeitskampf gegen die holländischen Kolonialherren«, erklärte der Offizier. »Viele sind damals für die Freiheit gestorben, doch wir haben gesiegt und die Holländer vertrieben.«
Ich weiß nichts über dieses Land, dachte Sternberg. Aber besonders frei erscheint es mir nicht.
Kurz darauf hielt der dunkelblaue Mercedes vor dem Flughafengebäude. Sternberg nahm seine Koffer und wandte sich an den Offizier.
»Danke für die gute Bewachung«, sagte er und streckte Murtihardjana die Hand hin.
»Aber Kommissar, ich werde Sie natürlich bis zu Ihrem Flugsteig begleiten«, lächelte Murtihardjana.
Sternberg stöhnte auf.
»Sehen Sie«, meinte der Offizier tröstend, »ich möchte ganz sicher sein, daß Sie dieses Land unversehrt verlassen haben.«
Er nahm einen von Sternbergs Koffern und ging entschlossen voraus. Still blieb er neben dem Kommissar stehen, als dieser eincheckte. Still begleitete er ihn zur Sicherheitskontrolle.

Sternberg hielt ihm nochmals die Hand hin. Diesmal schlug Murtihardjana ein, und er lächelte plötzlich sehr herzlich.
»Ich wünsche Ihnen einen guten Flug«, strahlte er. »Und verraten Sie mir zum Abschied bitte noch eins: Wo waren Sie gestern abend?«
»Oh!« stammelte Sternberg mit gespielter Betroffenheit. »Ich hatte gehofft, daß Sie es nicht bemerken.«
»Bei dem Aufruhr in den Hotelküche?« grinste Murtihardjana. »Also, wo waren Sie?«
»Ich war essen«, antwortete der Kommissar unschuldig. »Ich hatte plötzlich das Bedürfnis, allein in einem schönen Restaurant zu sitzen und vorher allein einen Bummel durch Ihre wunderschöne Stadt zu machen. Haben Sie nie solche Bedürfnisse, Kollege?«
Murtihardjana schüttelte betrübt den Kopf.
»Schade«, murmelte er, »ich dachte, Sie vertrauen mir.«
»Aber das tu ich doch«, sagte Sternberg. »Ich habe mich bei Ihnen sehr sicher gefühlt. Viel Spaß beim Aufpassen!«
Er winkte dem kleinen Offizier zu und verschwand in Richtung Flugsteig 32.

Das muß Australien sein, dachte Philip Sternberg und preßte sein Gesicht an das kleine Fenster. Aus der Unendlichkeit des Indischen Ozeans tauchte allmählich ein rötlicher Schimmer auf, etwas, das aussah wie eine Platte, die auf dem Wasser schwamm.
Die Platte kam immer näher. Jetzt dehnte sie sich schon bis zum Horizont. Die Küstenlinie war deutlich zu erkennen. Über dem Land schwebten flache weiße Wolken wie fliegende Pfannkuchen. Sie warfen blaue Schatten auf

die rote Erde. Das dunkelblaue Meer änderte seine Farbe. In den Buchten und seichten Küstengewässern leuchtete es türkisfarben und war so klar und durchsichtig, daß Sternberg Korallenriffe und unterirdische Berge erkennen konnte. Der Kommissar fühlte eine merkwürdige Erregung, so, als entdeckte er einen unbekannten Kontinent. Als Junge hatte er immer davon geträumt, Abenteuer in fernen Ländern zu bestehen, ganz Neues zu entdecken. Jetzt schwebte er über der australischen Küste, über dem ältesten Kontinent dieser Erde. Wieder hatte er ein Gefühl, als könne dies nicht wirklich sein.

Es geht alles zu schnell, dachte er. Oder ich bin zu langsam!

Das Land unter ihm veränderte sich. Dunkle Flächen hoben sich von der roten Erde ab, ihre Grenzen waren so gerade, als hätte jemand sie mit dem Lineal gezogen.

Vielleicht ist das Buschland oder Wald, dachte Sternberg.

Das Flugzeug verlor an Höhe. Sie befanden sich bereits im Landeanflug auf Perth. Die Pfannkuchenwolken hatten sich aufgelöst. Der Kontinent lag in glitzerndem Sonnenlicht vor Sternberg. Der Horizont verschwamm in bräunlichrotem Dunst oder Staub.

Sternbergs Ohren knackten, denn die Maschine sank immer schneller.

Es ist wie eine Rückkehr aus dem Weltraum, dachte der Kommissar. Hoffentlich findet der Pilot den Flughafen. Hell genug ist es ja.

Dann tauchten Häuser auf. Kleine, viereckige Kästchen auf einer Landkarte. Ein breiter Fluß schlängelte sich unter ihnen, Wolkenkratzer drängten sich eng zusammen, kamen näher. Sternberg konnte Autos erkennen, breite Straßen, sogar winzige Menschlein.

Wo ist der Flughafen? dachte er erschrocken.

Die Maschine vibrierte plötzlich, sackte zweimal durch. Sternberg griff nach seinen Armstützen. Die Erde kam immer näher. Da war das Rollfeld!
Sternberg atmete auf.
Gleich, dachte er, gleich haben wir es geschafft.
Noch einmal sackte die Maschine durch, brach nach der Seite aus. Menschen schrien auf.
Nein, dachte Sternberg, nicht im letzten Augenblick!
Die Maschine krachte auf die Landebahn, wurde hochgeschleudert, krachte erneut auf den Boden und hopste weiter wie ein Känguruh. Wieder ging ein Aufschrei durch das Flugzeug. Sternberg wurde mehrmals heftig in seinen Gurt geschleudert.
Endlich beruhigte sich die wilde Fahrt, die Maschine wurde langsamer und rollte einfach dahin.
Sternberg lockerte seinen Griff um die Armstützen. Er schluckte, schaute zu seinem Nachbarn hinüber, einem älteren Chinesen, der ihn beruhigend anlächelte.
»In Perth sind die Landungen häufig etwas rauh«, sagte der Mann freundlich. »Es gibt hier unberechenbare Winde vom Meer her. Wenn Sie häufiger hier landen, dann macht Ihnen das bald nichts mehr aus.«
Sternberg nickte dankbar. Seine Stirn war feucht geworden, und er entspannte sich erst, als die Maschine endlich stehenblieb. Mit weichen Knien verließ er das Flugzeug durch die Schleuse. Diesmal dankte er der Crew nicht für den guten Flug. Er wollte nur noch echten Boden unter den Füßen spüren.
Langsam folgte er den Wegweisern zum Gepäckband, dem Karussell, auf dem hoffentlich seine Koffer auftauchen würden. Große Hinweistafeln ermahnten die Reisenden, alle Lebensmittel oder Pflanzen, die sie mit sich führten, in große Abfalltonnen zu werfen. Krankheitskeime, Pflanzen- oder Tierseuchen sollten so von Austra-

lien ferngehalten werden. Sternberg versenkte ein Päckchen mit Erdnüssen in der Tonne.
Er griff seine Koffer vom Gepäckband und stellte sich ans Ende einer der langen Menschenschlangen, die sich vor den Schaltern der Einreisebeamten gebildet hatten. Die Abfertigung ging recht schnell. Nur noch ein chinesischer Mitreisender war vor Sternberg. Doch nun wurde es offensichtlich kompliziert. Der Chinese und der australische Beamte begannen zu streiten.
Sternberg versuchte zu verstehen, worum es ging. Eine Zöllnerin eilte herbei. Zehn Minuten dauerte der Streit, dann führten zwei Beamte den heftig protestierenden Mann in einen Nebenraum.
»Was ist los?« fragte Sternberg, als er endlich an die Reihe kam.
»Oh, nichts Besonderes. Abgelaufenes Visum und Verdacht auf Devisenschmuggel«, antwortete der Beamte sachlich.
Der sieht schon wieder aus wie ein Engländer, dachte Sternberg. Keine Spur von Crocodile Dundee.
»Aha«, meinte er und legte den Fragebogen vor, den er bereits im Flugzeug ausgefüllt hatte.
»Urlaub, Kollege?« fragte der Beamte, nachdem er Sternbergs Angaben sorgfältig durchgelesen hatte.
Sternberg nickte.
»Dann viel Spaß!« Der Beamte tippte mit zwei Fingern an seine Mütze.

Zwei Stunden später fand sich Philip Sternberg auf einer breiten Straße wieder, die auf beiden Seiten von einem rötlichen Sandstreifen eingefaßt war. Er saß in einem Landcruiser, einem großen Geländewagen, dessen Kühler mit furchterregenden Metallstangen gepanzert war. Inzwischen wußte er, daß es sich bei dieser Kampfausrüstung um Schutzgitter gegen den Zusammenstoß mit Känguruhs handelte. »Roo-bars« nannte man sie in Australien. »Roo« war die Abkürzung für Känguruh. Sternberg gefielen die roo-bars nicht, doch er sagte nichts, denn zum ersten Mal seit zwei Stunden hatte er Gelegenheit, sich bewußtzumachen, daß er wirklich in Australien war. Er warf einen Blick zu seinem Freund Gregor hinüber, der das Fahrzeug steuerte. Gregors Gesicht war dunkelbraun und vom Wetter zerfurcht. Der Freund trug kurze Hosen, lange weiße Socken, kräftige Stiefel und auf dem Kopf eine Art Cowboyhut aus Wildleder. Er sah wirklich ein wenig aus wie Crocodile Dundee. Sternberg fühlte sich neben Gregor irgendwie blaß und sehr als Städter.

Vom Straßenrand flogen drei große rosarote Vögel auf.

»Was war das?« fragte Sternberg.

»Rosakakadus!« antwortete Gregors Sohn Joseph, der Wert darauf legte, Joe genannt zu werden, und dessen Gesicht von unzähligen Sommersprossen bedeckt war. Joe war 15 und überzeugter Australier, obwohl sein Vater aus Deutschland stammte. Nach der lautstarken Begrüßung am Flughafen hatten die beiden Philip Sternberg in einer wilden Fahrt die Hauptstadt von Westaustralien gezeigt. Sie waren mit dem Landcruiser einfach kreuz und quer gefahren, einmal rund um das Stadtzentrum mit den Hochhäusern, die alle aus einer grünen Wiese zu wachsen schienen. Danach durch das Vergnügungsviertel Northbridge mit seinen unzähligen Kneipen und Restaurants, dann hinauf zum Kings Park, von dessen Hügel aus sie die Stadtsilhouette und den breiten Fluß Swan River betrachteten. Gleich darauf wieder hinunter und über den Freeway, eine

Art Stadtautobahn zum Hafen Fremantle, der mit seinen verschnörkelten viktorianischen Häusern und Kirchen wie eine italienische Kleinstadt aussah.
Sternbergs Kopf schwirrte von den vielen Eindrücken und von den Erklärungen seiner beiden Begleiter. Australien bestand bisher aus vielen Autos, breiten Straßen, glänzenden Hochhäusern, eleganten Villenvororten, bunten kleinen Gebäuden mit großen Reklametafeln. Australien, das war eine seltsame Mischung aus Europa und Amerika. Sternberg fühlte sich fast wie zu Hause und doch wieder nicht, denn Rosakakadus hatte er noch nie am Straßenrand gesehen.
Jetzt hatten sie die Stadt hinter sich gelassen und fuhren nach Süden. Die Landschaft veränderte sich schnell.
Der Himmel wird immer höher, dachte Sternberg. Ich habe noch nie einen so hohen Himmel gesehen. Und er ist viel durchsichtiger als in Europa. Vielleicht liegt das am Ozonloch?
Er lehnte sich in den Sitz des Landcruisers zurück und betrachtete die Landschaft. Da waren Bäume, kleine Waldstücke, große Weiden und Felder. Das alles gab es auch in Europa, und doch sah es völlig anders aus. Die Bäume waren fremd, erinnerten Sternberg an tropische Regenwälder, dicht und unzugänglich, sehr hoch, mit abgestorbenen Ästen, die über die Kronen hinausragten. Die Weiden waren von der Sonne ausgedörrt.
»Was sind das für Bäume?« fragte er seinen Freund Gregor.
»Fast alles Eukalyptus. Gumtrees nennt man sie hier. Es gibt unzählige Arten davon in Australien.«
»Und die da?« Sternberg wies auf eigenartige Gewächse, die wie Comicfiguren mit struppigen Perücken aussahen: ein langer schwarzer Stamm und ganz oben ein Büschel borstiger Blätter.

»Das sind blackboys«, erklärte Joe. »Eigentlich darf man diesen Namen nicht mehr benutzen, denn er erinnert an die Kolonialzeit und ist rassistisch. Blackboys wurden hier auch die Ureinwohner, die Aborigines, genannt. Nach ihnen haben die Bäume ihren Namen bekommen, weil sie einen schwarzen Stamm und Zottelhaare haben. Eigentlich heißen diese Bäume Graspalmen.«
»Und wieso sind die Stämme so schwarz?« fragte Sternberg.
»Das ist eine Folge von Buschbränden«, antwortete Gregor. »Die blackboys mit den hohen Stämmen sind schon hundert oder mehr Jahre alt. Sie haben viele Brände hinter sich. Aber Buschfeuer können ihnen nichts anhaben. Selbst wenn der gesamte Stamm verkohlt und alle Blätter zerstört wurden – ein blackboy wird immer neu austreiben. Er ist fast unzerstörbar. Das ist einer der Gründe, warum ich diese Pflanze so sehr mag. Sie ist für mich ein Zeichen für das zähe Leben in diesem Land. Vielleicht sollten die Aborigines stolz darauf sein, daß diese Bäume nach ihnen benannt wurden.«
Gregor wies auf eine Gruppe runder, stacheliger Igelköpfe, die am Straßenrand wuchsen.
»Das sind junge blackboys. Sie haben noch keinen Stamm. Das dauert noch ein paar Jahre.«
»Blackboys ...« wiederholte Sternberg nachdenklich. »Habt ihr Kontakt zu den rechtmäßigen Bewohnern dieses Kontinents?«
»Klar!« antwortete Joe. »In der Nähe unserer Farm ist eine Aboriginesiedlung, die einzige hier im Süden von Westaustralien. Hier gibt es nicht mehr viele Aborigines. Sie wurden fast alle umgebracht oder starben an den Krankheiten, die von den Europäern in den letzten 200 Jahren eingeschleppt wurden.«
Sein Vater warf Sternberg einen Blick zu.

»Du bist ja ein Umweltpolizist, Philip«, sagte er, »schau dir dieses Land gut an. Vor 100 Jahren noch war das hier alles dichter Wald. 500 Kilometer Urwald von Perth bis an die südliche Spitze des Kontinents. Der Wald war so dicht, daß die erste Expedition, die nach Süden aufbrach, fast zugrunde gegangen wäre. Die Männer irrten im Dschungel umher, die Pferde starben, die Nahrungsmittel gingen aus. Die Europäer waren so unfähig, in dieser fremden Umgebung zu überleben, daß sie fast verhungert wären. Eine Gruppe von Aborigines hat sie schließlich gefunden und ihnen zu essen gegeben. Für die Ureinwohner gab es hier genug zu essen – sie wußten, wo die Früchte wuchsen, die Lilienwurzeln gediehen, wo es Fische, Känguruhs, Echsen gab. Die Europäer waren zu dumm dazu.«
Sternberg schaute über die kahlen, von der Sonne ausgedörrten Flächen, die sich bis zum Horizont dehnten. Ein paar riesige Bäume waren stehengeblieben, doch ihre Stämme leuchteten gespenstisch weiß. Kein Blatt wuchs in ihren Kronen. Sie waren tot. Baumskelette standen oder lagen herum, reckten ihre toten Arme in den Himmel.
»Es sieht sehr schön und sehr fremd aus«, sagte Sternberg.
»Ja, es sieht unheimlich schön aus«, murmelte Gregor spöttisch. »Aber was du da siehst, ist eine zerstörte Landschaft. Der Grundwasserspiegel ist abgesunken, weil zuviel Wasser zur Bewässerung entnommen wird und weil die Wälder als Wasserspeicher fehlen. Diese Baumgiganten hier starben, weil sie verdursteten oder weil das Grundwasser zu salzig geworden ist. Ich werde dir morgen zeigen, wie mühsam es ist, neue Bäumchen zu pflanzen und sie durchzubringen. Joe und ich haben in den letzten Jahren einen ganzen Wald gepflanzt. Einige der Aborigines haben auch mitgeholfen. Wir mußten immer wieder neu anfangen, bis es endlich geklappt hat.«
Sternberg schloß die Augen vor der gleißenden Sonne.

»Eigentlich will ich von Umweltschäden gar nichts hören«, sagte er leise. »Ich möchte Urlaub machen und die australische Natur erleben. So etwas wie eine heile Welt sehen, wie die Rosakakadus am Straßenrand. Ich weiß, daß ihr hier direkt unter dem Ozonloch lebt, das wir in Europa und in den USA produziert haben. Ich weiß, daß es Wassermangel gibt, daß zu viele Schädlingsbekämpfungsmittel und Dünger in der Landwirtschaft eingesetzt werden, daß Känguruhs abgeknallt werden, weil es Spaß macht. Aber ich will nicht! Ich möchte dieses Land genießen. Gregor, ich komme gerade aus Indonesien und habe einen völlig undurchsichtigen Fall von Müllhandel einfach hingeschmissen, weil es sinnlos war, weiter zu ermitteln. Ich wurde Tag und Nacht bewacht. Kannst du verstehen, daß ich das Bedürfnis habe, diese toten Baumgiganten einfach schön zu finden?«
Gregor streifte Sternberg erneut mit einem kurzen Blick und nickte dann grinsend.
»Okay!« rief er entschlossen. »Schau nach links, denn auf der rechten Straßenseite liegt eine überfahrenes Känguruh!«
Sternberg drehte seinen Kopf nach links zu seinem Freund, dann wandte er sich zu Joe um.
»Halte mich nicht für verrückt, aber ich brauche wirklich ein bißchen Erholung.«
Joe schaute den deutschen Kommissar forschend an.
»Dad hat mir erzählt, daß Sie einer von den harten Kämpfern an der Umweltfront sind.«
»Mein Gott, Gregor!« stöhnte Sternberg.
»Ich wollte Ihnen gerade etwas von unserer Blockade gegen die Holzfäller erzählen. Wir waren alle dabei, auch die Aborigines.«
Sternberg lächelte Joe zu.
»Erzähl mir das bitte erst in ein paar Tagen«, bat er, »dann

halte ich es wieder aus. Außerdem könntest du auch du zu mir sagen. Ich heiße Philip.«
Joe nickte ernst.
»Hast du Freunde unter den Aborigines?« fragte Sternberg, um das Thema zu wechseln.
»Ja«, antwortete Joe. »Da! Schau, Philip! Ein wedgetail – ein Adler!«
Sternbergs Augen folgten dem ausgestreckten Arm des Jungen. Der große Raubvogel saß am Straßenrand. Er zuckte nicht einmal, als sie an ihm vorüberrollten. Gregor hatte den Wagen abgebremst, und Sternberg sah die gelben, wilden Augen des Adlers.
»Schön, nicht wahr?« sagte Joe.
»Unglaublich«, antwortete Sternberg.
»Es gibt hier noch immer erstaunlich viele Arten«, erläuterte Gregor sachlich. »Du mußt erst mal einen Wombat sehen, so eine Art Teddybär, und die verschiedenen Papageien, die blue wrens, winzige blaue Vögel, die ständig mit ihren Schwänzen wippen. Wenn du erst mal vom Lachen der Kookaburras aufgewacht bist oder das Lied unserer Krähen gehört hast, dann willst du hier nicht mehr weg!«
Gregor wies auf das Land. »Australien ist wunderbar!«
»So ist es schon besser«, lächelte Sternberg. »Ich würde gern ein wunderbares Australien erleben.«
»Oh, es *ist* wunderbar«, sagte Joe. »Es gibt Tausende Buchten am Meer, jede sieht anders aus, und meistens trifft man keine Menschen. Ich habe schon Wale gesehen, und Delphine gibt es überall.«
»Und Haie?« fragte Sternberg.
»Ja, Haie gibt es auch«, grinste Joe, »aber nicht so viele, und sie greifen auch ganz selten an.«
»Wie weit ist das Meer von eurer Farm entfernt?« fragte Sternberg.

»Ungefähr 60 Kilometer. Von unserer Farm aus sieht man die Stirling Ranges und die Porongorups!« sagte Joe stolz.
»Und was ist das?« fragte Sternberg.
Gregor lachte laut auf.
»Europäer!« sagte er spöttisch. »Keine Ahnung von australischer Geographie. Die Stirling Ranges und die Porongorups sind Gebirgszüge – keine besonders großen, aber immerhin. Außerdem sind beide Gebiete berühmte Nationalparks.«
»Danke«, antwortete Sternberg. »Und nun verrate mir, ob du das gewußt hast, ehe du nach Australien ausgewandert bist, du Europäer! Aber sei ehrlich!«
Gregor rieb seine Nase.
»Nein, ich habe es auch nicht gewußt.«
»Dann ist es ja gut«, murmelte Sternberg. »Weißt du, ich hatte einfach keine Zeit, mich auf diesen Besuch vorzubereiten. Es war sozusagen ein ganz spontaner Entschluß. Ich wußte vor zwei Wochen noch nicht, daß ich dich so plötzlich wiedersehen würde. Aber Joe, erzähl mir mehr von deinen Aboriginefreunden. Vorhin kam der Adler dazwischen.«
Joe lehnte sich nach vorn.
»Also«, begann er langsam, »mein bester Freund heißt Budjirindjia. Er ist ein Jahr älter als ich. Er hat uns auch geholfen, neue Bäume zu pflanzen. Ich hab von ihm wahnsinnig viel über die Natur gelernt. Manchmal ist er ziemlich schwierig. Er kann total nett sein und dann wieder ganz feindselig. An manchen Tagen sagt er zu mir, daß wir Weißen hier alle verschwinden sollen.«
Joe schwieg eine Weile. Sternberg nahm die Landschaft durch seine halbgeschlossenen Augen auf.
»Das ist ziemlich hart, und ich weiß oft nicht, woran ich bei Budjirindjia bin«, fuhr Joe fort. »Bei meinen anderen

Freunden ist es ähnlich, bei Wadjiri und Sarah. Aber ich mag sie trotzdem sehr.«
Sein Vater räusperte sich und schlug mit einer Hand auf das Lenkrad.
»Es ist ja auch kein Wunder, daß sich die Aborigines ein wenig merkwürdig benehmen. Sie haben keine besonders guten Erfahrungen mit uns Europäern gemacht. Wir kamen vor 200 Jahren und haben es seitdem geschafft, den größten Teil der Ureinwohner auszurotten und ihre Kultur und Lebensweise gründlich zu zerstören. Von den südwestaustralischen Aboriginestämmen hat keiner überlebt. Die Aborigines, die in unserer Nachbarschaft wohnen, stammen aus dem Norden von Westaustralien. Sie leben hier, weil sie auf der Suche nach Arbeit kamen. Erst in letzter Zeit versuchen sie wieder, ihre alte Kultur zu finden. Es gibt da eine Art Bürgerrechtsbewegung. Sie fordert Landrechte für die Ureinwohner und ein Ende der Benachteiligung. Budjirindjia, Joes Freund, ist sehr aktiv in dieser Bewegung, obwohl er noch so jung ist.«
»Ich unterstütze sie auch!« rief Joe dazwischen. »Ich verteile Flugblätter, und ab und zu laden sie mich zu einem Treffen ein.«
»Jaja«, murmelte sein Vater, »und dadurch hast du auch ganz schöne Schwierigkeiten mit manchen Mitschülern und Lehrern. Es gibt nämlich hier auch eine Menge Leute, die Aborigines nicht mögen. Vor allem Farmer und kleine Angestellte.«
»Das ist mir egal!« sagte Joe. »Ich kann diese Typen nicht leiden, die nur Fußball und Computerspiele im Hirn haben und trotzdem an die Überlegenheit der weißen Rasse glauben.«
»Na, nun übertreib mal nicht!« meinte Gregor. »Es sind wirklich nicht alle so. Viele geben den Aborigines recht. Aber diejenigen, die etwas verlieren könnten, die haben

natürlich Angst. Die Farmer fürchten um ihr Land, die kleinen Angestellten sind neidisch auf die sozialen Hilfen, die Aborigines von der Regierung bekommen.«
Joe antwortete nicht.
»Bist du hier in Australien geboren, Joe?« fragte Sternberg.
Gregor antwortete an Joes Stelle.
»Er kam noch in Deutschland auf die Welt. Joe war zwei Jahre alt, als wir nach Australien auswanderten. Er ist also inzwischen ein richtiger Australier und auch australischer Staatsbürger. Joe spricht nur deshalb so gut deutsch, weil wir uns bemühen, zu Hause möglichst oft deutsch zu reden.«
»Wo ist übrigens deine Frau?« fragte Sternberg. »Ist sie auf der Farm geblieben?«
»Nein, sie macht gerade Urlaub in Deutschland«, antwortete Gregor. »Sophie braucht das spätestens alle zwei Jahre. Sie bleibt dann jedesmal mindestens zwei Monate. Du wirst sie also diesmal überhaupt nicht treffen. Aber sie läßt dich herzlich grüßen.«
Gregor rieb sein Kinn.
»Weißt du, es ist ziemlich einsam bei uns hier draußen, und kulturell ist nicht viel los. Sophie mag das Leben auf der Farm, aber von Zeit zu Zeit sagt sie plötzlich: Jetzt muß ich raus! Wenn sie dann wiederkommt, ist sie froh über die Ruhe und die Natur. Dann sagt sie: Europa ist entsetzlich laut und eng. Es gibt viel zu viele Menschen, und alle rennen hinter dem Geld her, außerdem stinkt es!« Gregor lachte laut auf.
Ein riesiger Lastwagen mit zwei Anhängern donnerte knapp an ihnen vorüber. Der Luftsog erschütterte den Landcruiser.
»Buff!« sagte Joe. »Das war ein roadtrain. Das kann man eigentlich nicht richtig übersetzen. Straßenzug klingt komisch und Straßeneisenbahn genauso.«

In diesem Augenblick bremste Gregor scharf. Alle drei wurden in ihre Sicherheitsgurte geschleudert. Sternberg sah einen dunklen Schatten über die Fahrbahn hüpfen – einen Schatten mit langem Schwanz.
Der Landcruiser stand quer auf der Straße, und Gregor sah seinen Freund grimmig an.
»Jetzt weißt du, warum wir diese blöden Eisengitter vorn am Wagen haben. Die Känguruhs halten sich einfach nicht an die Verkehrsregeln!«

Sternberg wälzte sich in seinem Bett hin und her. Er sah Murtihardjanas Gesicht vor sich, und der kleine Beamte lachte ihn aus. Er lachte so laut, daß Sternberg aufwachte. Vorsichtig öffnete er seine Augen. Einen Augenblick wußte er nicht, wo er sich befand. Der große Raum lag im Halbdunkel. Durch die Bastrollos am Fenster drangen winzige Streifen von Sonnenlicht. Die einzigen Möbelstücke im Zimmer waren ein Schrank, zwei Stühle und ein Fernsehgerät. Aber das Lachen war noch immer da. Es schwoll an und ab. Es war nicht nur ein Gelächter, sondern ein ganzer Chor davon.
Wo bin ich? dachte Sternberg. Und wer lacht da?
Allmählich löste er sich aus dem Tiefschlaf.
Ich bin auf Gregors Farm, dachte er, aber wer lacht da so unverschämt? Es müssen mindestens zehn Murtihardjanas sein. Was machen die hier?
Sternberg sprang auf und ging zum Fenster. Er schob das Rollo hoch und schaute hinaus. Sein Blick wanderte über eine Weide zum Eukalyptuswald hinüber. Das Lachen kam eindeutig aus dieser Richtung.
Es müssen Vögel sein, dachte Sternberg. Gregor hat ge-

stern vom Lachen der Kookaburras erzählt. Im Tierlexikon heißen sie Lachender Hans, daran kann ich mich erinnern.
Plötzlich verebbte das Gelächter in einem keckernden Gekicher, dann war es still. Doch nun füllten neue Geräusche den Raum. Es war ein flötendes Schwatzen, eine Art Gesang. Sternberg öffnete das Fenster und lehnte sich hinaus. In einer hohen Pinie neben dem Gästehaus saßen große, schwarze Vögel. Ihr Gefieder glänzte im Licht der Morgensonne.
Das sind Krähen, dachte Sternberg, singende Krähen. Welch ein seltsames Land.
Der Kommissar begab sich in das kleine Badezimmer und stellte sich unter die Dusche. Das Wasser war warm, doch ein süßlicher Geruch störte Sternberg nach kurzer Zeit. Er schaute an seinen Beinen hinab in die Duschwanne. Eine bräunliche Brühe lief über seinen Körper in den Abfluß. Sternberg schüttelte sich angewidert und wusch den Rest der Seife ab, um so schnell wie möglich die Dusche zu verlassen.
Während er sich rasierte und dabei sorgfältig seinen dunkelblonden Schnurrbart aussparte, dachte er über den vergangenen Abend nach. Bei Sonnenuntergang hatten sie die Farm erreicht. Sie waren von der Hauptstraße abgebogen und einem ungeteerten Weg gefolgt, der in die Hügel führte. Irgendwann hatte Gregor vor einem großen Holzgatter angehalten, und Joe war hinausgesprungen, um es zu öffnen. Dann waren sie noch einmal fast einen Kilometer auf einem schmalen Feldweg gefahren, und dann lag endlich das Farmhaus vor ihnen. Ein kleines Steinhaus, das sich in eine Bodensenke schmiegte und ganz zugewachsen war. Neben dem Haus lagen zwei Stallgebäude, eine roh gezimmerte Garage mit Wellblechdach und ein Gästehaus. Gregor hatte Bier aus dem Kühl-

schrank geholt, und Sternberg wunderte sich über den großen offenen Kamin im Wohnzimmer.
»Was macht ihr denn damit?« hatte er erstaunt gefragt. »Ist das eine Erinnerung an Europa?«
»Oh, nein!« hatte Gregor geantwortet. »Du hast noch nie einen australischen Winter erlebt. Hier kann es verdammt kalt werden. Bis null Grad. Und wenn du dann keine Heizung hast, wird es sehr ungemütlich.«
Sie hatten Käsebrote gegessen und von der Terrasse aus über die Weiden geschaut, während die Sonne verschwand und die Sterne zu leuchten begannen. Und sie hatten über den Blackwood River gesprochen, einen breiten, trägen Fluß, der nur wenige Kilometer von der Farm entfernt dahinfloß.
Der Blackwood River war grün gewesen. Genauer gesagt, smaragdgrün.
»Sind hier alle Flüsse so grün?« hatte Sternberg gefragt.
»Quatsch! Das ist erst seit ein paar Tagen so!« Gregor schien sehr besorgt zu sein. »Kannst du mir erklären, was diese giftgrüne Brühe bedeuten soll?«
»Vermutlich Algen«, hatte Sternberg geantwortet. »Giftige Algen. Es gab doch vor zwei, drei Jahren schon einmal einen ähnlichen Fall im Osten von Australien. Ich glaub damals verendeten unzählige Rinder und Schafe, die aus dem Fluß getrunken hatten.«
»Aber woher kommen die Algen?« hatte Joe erschrocken gefragt.
»Sie entwickeln sich ganz von selbst, wenn das Wasser zu viele Düngemittel enthält und wenn große Hitze das Land heimsucht.«
»Gut!« hatte Gregor bitter geantwortet. »Das alles trifft hier zu. Nur sind bisher noch keine Tiere gestorben.«
Sternberg zog langsam seine Jeans und ein frisches T-Shirt an.

Ich habe es satt, dachte er. Ich habe keine Lust, schon wieder in eine neue Umweltkatastrophe hineinzugeraten. Ich möchte diesen Wahnsinnshimmel ansehen, den Lachenden Hänsen zuhören und Känguruhs beobachten.
Der Kommissar beschloß, noch vor dem Frühstück einen Spaziergang zu machen. Er wollte die Gegend ganz allein kennenlernen, wollte nicht sprechen, sondern nur schauen und tief atmen. Als er aus der Tür seines kleinen Gästehauses trat, blieb er erstaunt stehen. Von den hohen Distelbüschen, die den Weg säumten, stob ein Schwarm bunter Papageien davon. Auf der rechten Seite des Häuschens erhob sich ein hoher Felsblock, den Zeit und Wetter glattgeschliffen hatten. Ganz oben standen drei weiße Ziegen, die neugierig auf Sternberg herabsahen. Als er einen Schritt machte, taten sie ein paar erschrockene Sprünge, blieben jedoch bald wieder stehen und beobachteten den Fremden.
Sternberg kletterte auf den Felsen. Von hier oben konnte er fast die gesamte Farm überblicken. Die Viehweiden waren nicht besonders groß, wurden immer wieder von Waldstücken unterbrochen. Junge und alte Bäume wuchsen in kleinen und großen Gruppen, so weit Sternberg sehen konnte. In der Ferne erhob sich ein Gebirgszug, doch er schien Hunderte von Kilometern entfernt zu sein. Das ganze Land war größer und weiter, als er es jemals in Europa erlebt hatte. Auch der Himmel war anders. Wieder erschien er Sternberg höher und weiter zu sein, sein Blau intensiver. Und die Sonne brannte und stach, obwohl es noch früh am Morgen war. Es roch nach Eukalyptus und vielen anderen Pflanzen, die Sternberg nicht kannte. Der Kommissar breitete seine Arme aus.
Es ist so, dachte er plötzlich, als könnte man die ganze Welt sehen oder vielleicht die Unendlichkeit.
Sternberg schüttelte den Kopf und kletterte von seinem

Felsen herab. Er folgte einem Pfad, der zum Eukalyptuswald hinüberführte. Das ausgebleichte Gras raschelte unter seinen Stiefeln, und er dachte plötzlich an Schlangen. Angeblich war Australien voll von Schlangen!
Sternberg trat kräftiger auf, denn er wußte, daß Schlangen jede Erschütterung des Bodens wahrnehmen konnten. Und er hoffte, daß sie alle vor seinen Schritten fliehen würden. Endlich hatte er den Waldrand erreicht. Der Pfad wurde nun ein wenig breiter und schlängelte sich zwischen den riesigen Eukalyptusbäumen immer weiter in den Wald hinein. Obwohl es erst neun Uhr morgens war, stiegen Hitzeschwaden von den Sonnenflecken zwischen den Bäumen auf. Abgefallene Blätter, tote Äste, dürre Büsche bedeckten den Waldboden und schienen vor Trokkenheit zu knistern. Sternberg blieb stehen und lauschte. Es knisterte tatsächlich, und je länger er zuhörte, desto lauter wurde das Geräusch. Der Kommissar beugte sich herab und betrachtete die Blätter und Äste. Unzählige Termiten und andere Krabbeltiere waren dort unterwegs. Sie knisterten und kribbelten in diesem Wald, ließen ein Konzert von Millionen Füßchen und Kauzangen erklingen. Sternberg erschauerte leicht. Kein Vogel war zu hören, nur dieses Knistern und Krabbeln. Selbst die geschwätzigen Krähen waren inzwischen verstummt oder weitergeflogen.
Sternberg ging schneller. Der Weg führte nun ein wenig bergab und folgte einem ausgetrockneten Bachbett. Das Laub der hohen Eukalyptusbäume war schütter und konnte die Sonnenstrahlen nicht zurückhalten. Sternberg fühlte nach kurzer Zeit Schweißtropfen auf Stirn und Nacken. Schon wollte er umkehren, da sah er zwischen den Baumstämmen ein grünes Schimmern.
Der Fluß, dachte er, Blackwood River!
Plötzlich erwachte seine Neugier. Er beschloß, den Fluß

genauer zu untersuchen. Vielleicht handelte es sich gar nicht um giftige blaugrüne Algen, die dem Fluß dieses seltsame Schimmern verliehen. Vielleicht schwamm ganz einfach eine Art Entengrütze auf der Wasseroberfläche. Sternberg kletterte über dicke Wurzeln zum Flußufer hinunter. Die Wurzeln tauchten ins Wasser ein wie die Stelzenwurzeln der Mangrovenbäume. Das Wasser floß so langsam, daß Sternberg ganz genau hinsehen mußte, um die Bewegung zu erkennen.

Das ist kein Fluß, dachte Sternberg, das ist ein Strom aus Sirup.

Vorsichtig tauchte er seine Hand in die grüne Flüssigkeit. Sie fühlte sich nicht an wie Sirup, doch war sie ein wenig schleimig. Sternberg betrachtete die grellgrünen Flocken in seiner Hand.

Keine Spur von Entengrütze, dachte er. Es sind eindeutig giftige Algen. Ich kann nur hoffen, daß niemand aus diesem Fluß trinkt.

Er richtete sich wieder auf und ließ seinen Blick über die Wasseroberfläche wandern. Ein Wirbel ließ plötzlich die Algen in der Mitte des Flusses kreisen. Sie drehten sich immer schneller, bis sich das Wasser für einen Augenblick teilte, ein schwarzes Loch öffnete. Kurz darauf lag der Fluß wieder da, als hätte es den Wirbel nie gegeben.

Sternberg starrte auf die grüne Fläche. Hatte er soeben diesen Wasserwirbel gesehen oder nicht? Vielleicht spielte ihm die Hitze einen Streich? Plötzlich hatte er das unangenehme Gefühl, daß irgend jemand oder irgend etwas ihn ansah. Wieder dachte er an Schlangen. Ob man den Blick einer Schlange spüren konnte? Trotz der Hitze bekam Sternberg eine Gänsehaut – seltsamerweise jedoch nur auf seinen Unterarmen.

Ganz behutsam drehte er sich um. Seine Augen suchten die ausgebleichten Wurzeln ab. Doch da war keine

Schlange. Von einer der Wurzeln allerdings baumelten zwei Beine herab, die in Jeans und hohen Turnschuhen steckten. Sternberg hob den Kopf. Im Schatten eines riesigen Eukalyptusbaumes saß ein Mensch. Sternberg konnte nur erkennen, daß dieser Mensch offensichtlich sehr dunkle Haut hatte und sehr viele Haare auf dem Kopf. Außerdem saß dieser Mensch sehr still.
Philip Sternberg fühlte sich unbehaglich. Er hatte das Gefühl, als bestünde eine geheimnisvolle Verbindung zwischen dem unerklärlichen Wasserwirbel und der Gestalt im Schatten.
»Hello«, sagte er und winkte dem Unbekannten zu.
Die Gestalt bewegte sich nicht.
Langsam näherte sich Sternberg dem Fremden. Er stolperte über eine Wurzel, hielt sich an einer anderen fest, um nicht zu fallen.
Die Gestalt kicherte leise, doch das Kichern ging in ein tiefes Knurren über. Erschrocken blieb Sternberg stehen, starrte in den Schatten, um zu erkennen, ob es sich wirklich um einen Menschen handelte. Erleichtert stellte er fest, daß neben dem Fremden ein hellbrauner, fast gelber Hund lag. Das Tier hatte die Ohren angelegt und fletschte die Zähne.
Das ist ein Dingo, ein Wildhund, dachte Sternberg. Seine Erleichterung wich einer bestimmten Besorgnis. Das Tier sah nicht besonders friedlich aus. Der Kommissar blieb deshalb reglos stehen. Er war inzwischen nur noch wenige Meter von dem Unbekannten entfernt.
Ein junger Mann saß ruhig vor Sternberg. Er war kaum älter als Joe. Seine Haut war fast schwarz, seine Nase ein wenig breiter als gewöhnliche Nasen, seine Augen sehr groß und dunkel. Das Erstaunlichste an ihm aber waren seine Haare, denn sie hatten die Farbe des Wildhundes. Nur an den Wurzeln schienen sie dunkel gefärbt zu sein.

In dichten, ein wenig filzigen Locken fielen sie bis auf seine Schultern herab.
»Hello«, sagte Sternberg nochmals. »Sie haben einen wunderschönen Hund.«
Der junge Mann verzog ein wenig seine Lippen.
»Das ist kein Hund, das ist ein Dingo«, antwortete er ein wenig verächtlich.
»Natürlich!« erwiderte Sternberg schnell. »Wie dumm von mir. Aber Sie müssen verzeihen. Ich bin zum ersten Mal in Australien, und ich kenne Dingos bisher nur von Fotos.«
Der junge Mann runzelte die Stirn.
»Wir sollten hier nicht sprechen«, sagte er.
Sternberg sah ihn fragend an.
»Der Fluß«, meinte der junge Aborigine.
»Ja?« fragte Sternberg.
»Er ist krank.«
Sternberg nickte.
»Es wird der großen Schlange nicht gefallen«, sagte der junge Mann.
»Der großen Schlange?«
Der Aborigine nickte.
»Haben Sie den Wasserwirbel nicht gesehen? Sie ist schon unruhig, die große Schlange. Die Alten sagen es, doch ich wollte es selbst sehen.«
»Was bedeutet das?« fragte Sternberg, und er kam sich sehr dumm vor.
Der junge Mann zuckte die Achseln und erhob sich.
»Keine Ahnung!« antwortete er. »Fragen Sie die Alten. Vielleicht aber bedeutet es, daß Sie besser nach Hause fahren sollten.«
Der Junge drehte sich um und war im nächsten Augenblick verschwunden. Obwohl der Waldboden von trokkenen Blättern übersät war, hörte Sternberg kein Ra-

scheln, keinen Laut. Der Aborigine und sein Dingo waren einfach weg.
Sternberg warf einen Blick auf den Fluß zurück.
Die große Schlange, dachte er und grinste. Plötzlich fielen ihm wieder die Aborigines im Film »Crocodile Dundee« ein. Sie hatten sich ständig über die Weißen lustig gemacht. Vermutlich stand der Junge jetzt hinter dem dritten Baum rechts und lachte über seinen gelungenen Scherz. Sternberg kehrte auf den Pfad zurück und blickte sich suchend um. Doch der Aborigine blieb verschwunden. Sternberg schüttelte sich leicht. Carla hätte die Geschichte sicher ernst genommen. Sie mochte geheimnisvolle Andeutungen. Außerdem wußte Carla sicher mehr über die Mythen der Aborigines als er.
Sternberg schlug den Weg zur Farm ein. Er sehnte sich nach einer Tasse Tee. Außerdem wollte er Joe und Gregor nach der Bedeutung der großen Schlange fragen.

Als Sternberg die Farm erreichte, waren Gregor und Joe gerade dabei, junge Bäumchen zu begießen, die in großen Blumentöpfen wuchsen. Es waren an die fünfzig Pflanzen, kreisförmig um den Stamm einer großen Pinie aufgestellt, wie Kinder um ihre Mutter. Der Schatten des alten Baumes schützte die jungen Triebe vor der sengenden Sonne.
»Das habe ich zum ersten Mal in einem Film über afrikanische Bauern gesehen«, sagte Gregor, als Sternberg sich zu ihm gesellte. »Agroforstwirtschaft wurde es von unseren Wissenschaftlern genannt. Doch man braucht keinen so komplizierten Namen dafür. Es ist eigentlich ganz logisch. Wenn die Sonnenstrahlung zu stark ist, dann wirkt

sie nicht fördernd, sondern schädigend. Also muß man Pflanzen und Tiere schützen. Dazu nutzt man einfach den Schatten der kräftigen alten Bäume, die sich längst an die harten Bedingungen gewöhnt haben. Außerdem halten die Wurzeln der großen Bäume den Boden ein wenig feucht.«
Gregor ließ eine Hand liebkosend über die kräftigen Blätter eines kleinen Bäumchens gleiten, dann wandte er sich zu Sternberg um.
»Wo warst du denn heute morgen? Wir haben nach dir gesucht.«
»Ich habe einen Spaziergang zum Fluß gemacht. Und ich hatte eine seltsame Begegnung mit einem jungen Mann, der mich vor der ›großen Schlange‹ warnte.«
Joe grinste.
»Hatte der junge Mann dunkle Haut und blondes Haar?« fragte er.
Sternberg nickte.
Joes Lächeln wurde breiter.
»Hatte er einen Dingo bei sich?«
»Ja!« erwiderte Sternberg.
»Das war mein Freund Budjirindjia. Er liebt es, geheimnisvolle Geschichten zu erzählen, das hat er von seinem Großvater.« Joe lachte auf. »Und ganz besonders gern erschreckt Budjirindjia Fremde.«
Sternberg rieb seinen Schnurrbart.
»So etwas habe ich mir schon gedacht. Aber da war trotzdem etwas sehr Merkwürdiges. Während ich den Fluß betrachtete, entstand plötzlich ein Wirbel, obwohl das Wasser vorher und nachher völlig ruhig dahinfloß. Dein Freund meinte, die ›große Schlange‹ sei unruhig geworden, weil der Fluß krank ist.«
Joe schaute zum Eukalyptuswald hinüber.
»Ich bin sicher, daß Budjirindjia uns beobachtet«, sagte

er. »Diese Geschichte mit der Schlange hat etwas mit den Mythen der Aborigines zu tun. Die Regenbogenschlange trägt die ganze Welt in sich – alle Ahnen, die vor langer Zeit Tiere, Pflanzen, Berge, Seen und Meere geschaffen haben. Sie ist die Hüterin der Erde, doch sie kann auch sehr zornig werden und die Erde wieder zerstören. Die Aborigines glauben, daß man die Regenbogenschlange nicht stören darf. Sie schläft unter der Erde – eigentlich ist sie überall. Wenn man die Erde beschädigt, Wasser vergiftet oder sich schlecht benimmt, dann kann sie aufwachen. Alle Aborigines fürchten sich davor, daß die Regenbogenschlange aufwachen könnte. Budjirindjias Großvater kennt unzählige Geschichten über die große Schlange und viele andere Geistwesen.«

Sternberg betrachtete die kleinen Bäume in ihren Töpfen.

»Das hier wird der Schlange sicher gefallen«, sagte er. »Vielleicht läßt sie sich durch viele Bäume wieder besänftigen.«

»Budjirindjias Großvater meint, das reicht nicht. Er meint, daß die Weißen aufhören müssen, den Boden umzugraben.«

»Du redest schon wie ein Aborigine«, lachte Gregor und legte einen Arm um die Schultern seines Sohnes. »Ich habe Hunger. Das Frühstück steht schon in der Küche.« Er verschloß sorgfältig den Wasserschlauch und wies dann zu einem Teich hinüber, der von einem Erdwall eingeschlossen wurde.

»Das ist einer unserer dams, so werden hier die künstlichen Bewässerungsteiche genannt. Es ist vor allem Regenwasser, das sich in diesen Teichen sammelt, nur ein geringer Anteil besteht aus Grundwasser. Wenn es lange nicht regnet, dann sinkt der Wasserspiegel sehr schnell. Das kann bedeuten, daß man irgendwann regelrecht auf

dem Trockenen sitzt. Wir gehen deshalb sehr sparsam mit dem Wasser um.«
Sternberg erinnerte sich an das bräunliche Wasser in der Dusche.
»Ihr benutzt dieses Wasser auch zum Duschen?« fragte er.
»Ja, es geht gar nicht anders.« Gregor lächelte ein wenig verlegen. »Zur Zeit riecht es nicht besonders angenehm. Wahrscheinlich hast du das beim Duschen bemerkt. Du solltest zum Zähneputzen klares Regenwasser nehmen. Im Kühlschrank findest du mehrere Flaschen davon.«
Joe wies auf einige riesige Tonnen auf Stelzen, die hinter dem Farmhaus zu sehen waren.
»In diesen Tanks sammeln wir unser Trinkwasser. Es ist reines Regenwasser. Man muß es natürlich abkochen, aber es schmeckt sehr gut und ist ganz klar.«
Gregor nickte zu den Worten seines Sohnes.
»Im Winter, wenn die Regenwassertanks ganz voll sind, duschen wir mit klarem Wasser. Das ist immer ein ganz besonderer Genuß. Aber jetzt hat es schon lange nicht mehr geregnet. Wir sind also gezwungen, das Wasser aus den Teichen zu benutzen. Wir waschen auch unsere Wäsche damit. Du siehst also, es gibt hier auf dem Land keine zentrale Trinkwasserversorgung. Wir sind Selbstversorger, und deshalb ist Wasser für uns ein besonders kostbarer Stoff. Wenn wir Wasser kaufen müssen, dann bedeutet das eine Katastrophe. Wassernotstand! Und Wasser ist verdammt teuer hier!«
Sie waren inzwischen zum Farmhaus zurückgekehrt und betraten die Küche durch eine Schwingtür aus Fliegendraht. Obwohl es erst halb elf Uhr war, stand die Sonne beinahe senkrecht über dem Haus.
Gregor goß Tee in große Tassen. Dazu aßen sie Toastbrot, das dick mit Käse und Schinken belegt wurde. Joe holte

eine Schüssel mit Melonenscheiben aus dem Kühlschrank.

»Was ich fragen wollte«, murmelte Sternberg mit vollem Mund, »benutzt irgend jemand hier in der Gegend das Flußwasser als Trinkwasser?«

Gregor dachte einen Augenblick nach.

»Ich glaube nicht«, antwortete er dann. »Die Farmer haben alle ihre eigene Wasserversorgung, genau wie wir. Manche benutzen das Flußwasser zur Bewässerung ihrer Felder. Außerdem trinken natürlich Rinder und Schafe aus dem Fluß. Warum fragst du?«

»Ich bin sicher, daß die Algen im Fluß sehr giftig sind. Falls also jemand Wasser aus dem Fluß benutzt, dann sollte man ihn warnen. Tiere sollte man am besten fernhalten, denn ihnen wird diese Brühe auch nicht bekommen. Mich wundert, daß hier noch kein Umweltalarm ausgerufen wurde.«

Gregor nickte ernst.

»Wir können ja heute abend ins Riverside Hotel fahren. Hier treffen sich alle im Hotel. Das ist eine Art große Kneipe. Wenn du etwas im Hotel erzählst, dann weiß es am nächsten Tag die ganze Gegend.« Plötzlich lachte er auf und schlug Sternberg auf die Schulter. »Du hast doch gesagt, daß du in diesem Urlaub keine Katastrophen erleben willst, sondern nur ein wunderschönes Land. Mir scheint aber eher, daß du sozusagen schon wieder im Dienst bist!«

Sternberg zuckte die Schultern und machte ein unglückliches Gesicht.

»Leider gibt es keine heile Welt auf dieser Welt.«

Am Nachmittag begleitete der Kommissar Joe über die Weiden und Felder. Sternberg hatte Tausende von Schafen erwartet, doch nur wenige Tiere grasten zwischen den Bäumen.

»Wo sind denn eure Schafe?« fragte Sternberg.

»Na, da überall!« antwortete Joe und machte eine ausladende Armbewegung. »Wir besitzen nur ungefähr fünfzig Tiere. Sie arbeiten sozusagen als lebende Rasenmäher und werden einmal im Jahr geschoren. Hin und wieder fängt Papa ein paar Milchschafe ein, und wir machen Käse aus der Schafsmilch.«

»Und wovon lebt ihr? Ich meine, irgend etwas müßt ihr ja wohl verkaufen, um Geld zu verdienen.«

»Wir haben uns auf Gemüseanbau und Pilzzucht spezialisiert. Außerdem züchten wir Bäume und verkaufen sie an Farmer, die ebenfalls aufforsten wollen. Das ist gar kein schlechtes Geschäft. Papa wird auch dafür bezahlt, daß er die anderen Farmer bei neuen Baumpflanzungen berät. Er ist nämlich der einzige hier in der Gegend, der Erfahrung damit hat.«

»Seltsam«, entgegnete Sternberg und wich einer dicken Libelle aus, die knapp an seiner Nase vorüberschoß. »Wieso haben denn die anderen Farmer keine Erfahrung mit Bäumen? Ich denke, die meisten von ihnen leben und arbeiten schon wesentlich länger hier als dein Vater.«

Joe blieb stehen und hob einen kräftigen Stock auf. Er blickte aufmerksam über die hügelige Landschaft. Sie waren inzwischen auf einer kleinen Anhöhe angelangt und konnten meilenweit schauen. Rund um die kleine Farm gab es dichte, grüne Bauminseln, die sich mit dem Wald vereinigten, der den Fluß einsäumte. Doch dahinter erstreckte sich bis zum Horizont rotbraun verbranntes Land.

»Das ist Farmland!« sagte Joe. »Die alten Siedler haben alles abgeholzt, denn sie wollten Weiden und Felder. Allerdings hatten sie keine Ahnung von diesem Land. Sie wußten nicht, daß ohne Bäume das Land ganz schnell austrocknen würde. Sie hatten auch keine Ahnung von Salzseen und Dürrekatastrophen.«

»Und woher weißt du das alles?« fragte Sternberg.

Joe lachte.

»Mein Vater hat es mir erklärt. Budjirindjia, sein Großvater und seine Onkel erzählen ständig von den Zerstörungen durch die Weißen. Außerdem habe ich ein paar Bücher gelesen. Und das Blöde ist: Es stimmt wirklich! Die Aborigines haben total recht! Wenn das hier so weitergeht, dann wird ganz Australien in ein paar Jahren zur Wüste werden. Es regnet viel weniger als früher.« Joe sah Sternberg grimmig an. »Weißt du, Philip, das Schlimme ist, daß die meisten Farmer noch heute denken, sie könnten immer so weitermachen wie bisher.«

»Das denken sie bei uns in Europa auch«, grinste Sternberg. »Wahrscheinlich ist das eine menschliche Grundeigenschaft: Ändere dich erst, wenn dir das Wasser bis zum Hals steht...«

»... oder du schon fast vertrocknet bist!« ergänzte Joe.

Langsam gingen sie weiter. Joe klopfte in regelmäßigen Abständen mit seinem Stock auf den Boden.

»Was machst du da?« fragte Sternberg.

»Oh, ich gebe den Schlangen ein Zeichen, daß wir kommen!« antwortete Joe.

»Hoffentlich verstehen sie das auch«, murmelte Sternberg.

Joe grinste. Die Landschaft hatte sich inzwischen verändert. Die Weide war in Buschland übergegangen. Struppige Büsche drängten sich zwischen die Gräser, Graspalmen, Ginster und Bäumchen, deren knallrote Blüten wie Flaschenbürsten aussahen.

Plötzlich blieb Joe stehen. Er streckte eine Hand nach Sternberg aus und hielt ihn zurück. Der Kommissar runzelte fragend die Stirn. Da wies Joe mit einer unmerklichen Bewegung seines Kopfes nach links. Sternberg suchte mit den Augen das Gelände ab.
Was wollte Joe ihm zeigen? Eine Schlange, einen Vogel?
Da entdeckte Sternberg zwei große Ohren, die hinter einem Busch hervorlugten. Kurz darauf tauchten zwei Augen auf, eine lange Schnauze, und dann flüchtete ein Känguruh mit weiten Sätzen.
»Das war ein graues Riesenkänguruh«, sagte Joe. »Auf unserer Farm leben ungefähr 15 bis 20 von ihnen. Eine große Familie.«
»Unglaublich!« sagte Sternberg.
Sie gingen nun schneller.
»Ich möchte dir das Aboriginedorf zeigen«, sagte Joe. »Es liegt ungefähr zwei Kilometer von hier in der Nähe des Flusses. Ich möchte meine Freunde vor dem Flußwasser warnen, und es ist sicher interessant für dich, Budjirindjia und all die anderen kennenzulernen.«
Der Himmel war wolkenlos, und doch lag ein staubiger Dunst über der Landschaft. Boden und Luft, selbst die Pflanzen schienen in der Hitze zu erstarren. Sternberg nahm kurz seinen breiten Hut ab, um den Schweiß vom Gesicht zu wischen.
Plötzlich erinnerte er sich an ein Buch über Aborigines, das er vor einigen Jahren gelesen hatte. Nackt waren diese Menschen fast 40 000 Jahre lang über den Kontinent gewandert, ehe die Europäer sie entdeckten. Sie folgten der Nahrung, die der Busch für sie bereithielt – den Känguruhs, Echsen, Buschbohnen. Sie ernteten Lilienwurzeln in den Seen und Sümpfen, und sie standen in enger Verbindung mit all den Ahnen, Geistern und Totemtieren.
Dies ist kein Land für Europäer, dachte Sternberg. Es ist

einfach zu heiß und zu hart. Er hatte das Gefühl, als füllten sich seine hohen Lederstiefel allmählich mit Schweiß, und Schweiß rann in breiten Strömen zwischen seinen Schulterblättern hinunter. Die Hitze machte ihn ein wenig schwindelig. Er war froh, als sie endlich einen lichten Buschwald erreichten, der wenigstens hin und wieder etwas Schatten spendete.
Nach einer halben Stunde hörten sie eine Art Wolfsgeheul.
»Seit wann gibt es in Australien Wölfe?« fragte Sternberg.
»Das sind die Dingos im Dorf«, antwortete Joe. »Dingos können nicht richtig bellen. Sie knurren oder heulen. Wahrscheinlich haben sie uns schon gehört, denn Dingos sind sehr aufmerksam.«
»Können sie auch beißen?« fragte Sternberg.
Joe grinste.
»Klar!« antwortete er und stieß Sternberg leicht mit dem Ellenbogen an. »Sie sind vor allem darauf abgerichtet, deutsche Polizeikommissare zu fressen.«
»Das dachte ich mir!« Sternberg fuhr mit dem Handrükken über seinen Schnurrbart, denn dort hatte sich ebenfalls ein ganzer See von Schweiß gesammelt.
Vor ihnen tauchte eine Ansammlung von Hütten auf, kleine Häuser mit Wellblechdächern und Holzwänden.
Seltsam, dachte Sternberg. All die australischen Städte und Dörfer, die ich bisher gesehen habe, waren so perfekt und ordentlich. Richtig britisch. Das hier ist ganz anders. Das sieht plötzlich aus wie eine Siedlung von Armen irgendwo in Afrika oder Südamerika.
»Es ist hier ein bißchen schmutzig«, sagte Joe entschuldigend, als hätte er Sternbergs Gedanken erraten. »Die Aborigines haben sich bis heute nicht daran gewöhnt, in Häusern zu wohnen. Sie waren immer Nomaden. Es ist einfach nicht ihre Art, sich gemütlich einzurichten. Es gibt total lustige Geschichten über Aborigines, die plötzlich in

festen Häusern wohnen mußten. Eine Familie hat zum Beispiel im Winter ein großes Feuer aus den Möbeln gemacht. Es war eben kalt geworden, und wenn es kalt ist, dann macht man Feuer. Sie haben das Feuer auf dem Wohnzimmerboden gemacht – wie ein Lagerfeuer. Leider brannte dabei das halbe Haus nieder.«
Sternberg schüttelte ungläubig den Kopf.
»Sind das nicht Geschichten, die Weiße erfunden haben, um die Aborigines schlechtzumachen?«
»Nein«, erwiderte Joe, »es stimmt wirklich. Ein Freund von Papa hat die Geschichte erzählt, und er mag die Aborigines sehr. Sie machen sich einfach nichts aus Dingen, die man besitzen kann. Ich hab mir das mal ganz genau vorgestellt. Also, ich arbeite, um Geld zu verdienen, und wenn ich mehr verdiene, als ich zum Leben brauche, dann spare ich. Wenn mein Freund Budjirindjia mehr Geld verdient, als er braucht, dann hört er auf zu arbeiten. Er sieht überhaupt nicht ein, warum er sparen sollte. Er gibt das Geld aus, erst dann wird er wieder arbeiten.«
»Finde ich eigentlich sehr vernünftig«, meinte Sternberg. »Wahrscheinlich kann man auf diese Weise das Leben erheblich besser genießen.«
Joe zuckte die Achseln. »Aber nicht in unserer Gesellschaft«, erwiderte er trocken. »Dann würde man schlicht seinen Job verlieren, und in Australien sind Jobs ziemlich knapp.«
»Klar!« sagte Sternberg. »Aber ich denke, daß die meisten unserer Umweltprobleme ihre Ursache in genau unserem Denken haben. Wir sind nie zufrieden und wollen immer mehr. Du kannst das an tausend Beispielen sehen. Ich nehme jetzt einfach mal den Walfang. Als die Leute erkannten, daß man mit Walen viel Geld verdienen kann, töteten sie immer mehr Wale, bis es schließlich fast keine mehr gab.«

Joe nickte heftig.
»Genau das passiert zur Zeit mit den Hummern und Fischen vor der australischen Küste. Ganze Flotten von Fischerbooten aus Indonesien, Malaysia und sogar Japan fangen hier Fische und Hummer. Sie benutzen riesige Treibnetze, obwohl das eigentlich verboten ist. Hummer werden allmählich knapp, aber das interessiert niemanden. Nur die australischen Hummerfischer bekommen allmählich Angst.«
Inzwischen hatten sie das Dorf fast erreicht. Ein Rudel von Wildhunden umringte sie. Sie schnappten spielerisch nach ihren Beinen, sprangen Joe an und wedelten heftig. Einige der Dingos knurrten leise, als sie Sternberg beschnüffelten, doch Joe sprach beruhigend auf die Tiere ein.
Sternberg zählte die Tiere. Es waren zwölf.
»Joe«, sagte er leise. »Es sind zwölf Dingos, und ich bin nur ein Mensch. Bist du sicher, daß die Viecher harmlos sind?«
»Klar!« sagte Joe. »Sonst wäre ich doch nicht mit dir hierhergekommen. Außerdem muß ich nur Budjirindjia rufen oder einen von den anderen, dann sind die Hunde sofort verschwunden.«
»Könntest du das bitte tun?« fragte Sternberg. »Ich mag zwar Hunde sehr gern, doch bei dieser Übermacht an Dingos fühle ich mich ein wenig bedroht.«
Joe warf dem Kommissar einen kritischen Blick zu. Vielleicht war Philip doch nicht der harte Kämpfer, von dem sein Vater ihm immer erzählt hatte.
»Budjirindjia!« rief Joe. »Wadjiri, Sarah!«
Ein Schatten löste sich von einer der Hütten. Eine Stimme rief seltsame Worte in einer Sprache, die Sternberg noch nie gehört hatte. Die Hunde blieben unschlüssig stehen, spitzten ihre Ohren, wedelten dann und verschwanden

zwischen den Hütten. Jetzt erst sah Sternberg, daß mehrere alte Autos am Rand des Dorfes herumstanden. Einige hatten keine Räder mehr, andere waren völlig verrostet. Zwischen den Autos häuften sich kaputte Möbelstücke, Plastiktüten und Bierdosen.

»Ist das die Mülldeponie der Aborigines?« fragte Sternberg mit einem schiefen Grinsen. »Ich dachte, die edlen Wilden seien besonders aufmerksame Hüter der Umwelt.«

Joe senkte den Kopf.

»Ich finde das auch nicht gut. Aber die Aborigines machen sich nichts aus diesen Dingen. Sie benutzen sie eine Weile, dann lassen sie sie einfach irgendwo liegen. Abfall, der sich nicht einfach auflöst, ist ein Problem für sie. Und Müllabfuhr gibt es auf dem Land nicht.«

Der Schatten stand noch immer neben einer der Hütten und rührte sich nicht.

»Hey, Budjirindjia! Komm doch mal her!« rief Joe.

Langsam setzte sich die Gestalt in Bewegung.

Es ist wirklich der Junge, den ich am Fluß getroffen habe, dachte Sternberg.

Budjirindjia blieb in einiger Entfernung von ihnen stehen.

»Hi, Joe!« sagte er.

»Hi!« antwortete Joe. »Ich wollte dir Philip vorstellen. Ihr habt euch heute morgen schon unten am Fluß getroffen. Philip kommt aus Deutschland. Er kennt sich aus mit dem Gift im Fluß.«

Budjirindjia betrachtete den Kommissar zweifelnd. Er schüttelte seine blonden Locken und lachte plötzlich.

»Wieso sollte er sich mit dem Gift im Fluß auskennen? Er war doch noch nie an diesem Fluß. Er hat ihn zum ersten Mal gesehen. Ist er ein Gott oder ein Hellseher?«

Sternberg streckte Budjirindjia seine Hand entgegen. Der junge Mann schaute auf die Hand, dann in Sternbergs Ge-

sicht. Endlich machte er einen langen Schritt und reichte Sternberg ebenfalls eine Hand.
»Hi, Budjirindjia«, sagte Sternberg. »Ich bin kein Hellseher, aber ich verstehe ein bißchen was von Wasser und Umweltverschmutzung.«
Budjirindjia runzelte die Stirn.
»Die Alten sagen, es sei die Rache der großen Schlange.«
»So kann man es auch sehen«, murmelte Sternberg. »Vielleicht haben die Alten sogar recht. Auf alle Fälle ist es die Rache des Wassers.«
Budjirindjia antwortete nicht.
»Wo sind Wadjiri und Sarah?« fragte Joe.
»Sarah ist krank«, erwiderte Budjirindjia.
»Ist es schlimm?« Joe sah seinen Freund forschend an.
»Nicht sehr. Sie hat ein bißchen Fieber, und ihr ist schlecht. Mein Onkel ist auch krank und noch ein paar andere Leute. Es ist wohl die Hitze. Vielleicht haben sie auch zuviel gegessen.« Budjirindjia lächelte.
»Ich hoffe, daß keiner hier im Dorf aus dem Fluß getrunken hat«, sagte Sternberg. »Ich denke, das Flußwasser ist sehr giftig. Die blaugrünen Algen vergiften es. Ihr dürft auch eure Hunde nicht aus dem Fluß trinken lassen.«
Budjirindjia nickte leicht.
»Wir trinken nie aus dem Fluß. Wir haben unsere eigenen Regenwassertanks und ein paar Billabongs.«
»Was sind Billabongs?« fragte Sternberg.
»Billabongs sind kleine Seen oder Teiche«, erklärte Joe.
Budjirindjia nickte, dann wandte er sich um und führte sie ins Dorf. Unter den Vordächern der Hütten saßen Frauen und Männer und Kinder im Schatten. Sie schauten neugierig zu ihnen herüber. Manche winkten Joe zu, riefen ein paar Grußworte.
»Wadjiri ist da vorn«, sagte Budjirindjia. »Er bastelt an seinem Auto herum.«

Plötzlich kam ein heftiger Wind auf. Er wirbelte den roten Staub zwischen den Hütten auf, und Sternberg begann zu husten. Von Wadjiri waren nur die Beine zu sehen, denn er lag unter einem alten Jeep. Neben dem Wagen saß ein alter Mann. Er lehnte mit dem Rücken an einem dünnen Eukalyptusbaum, der keine Blätter trug.
»Das ist Wadjiris Onkel«, erklärte Joe. »Na ja, einer von Wadjiris vielen Onkeln«, fügte er hinzu. »Die Aborigines haben unzählige Onkel, und alle sind so etwas wie Ersatzväter. Ich habe nie begriffen, wie das eigentlich funktioniert. Jedenfalls müssen die jungen Aborigines ganz genau auf ihre Onkel hören.«
Sternberg nickte. Irgendwann hatte er etwas über die komplizierten Familienverbindungen der Aborigines gelesen, doch er konnte sich nicht mehr genau daran erinnern.
»He, Wadjiri!« rief Budjirindjia.
Die Beine unter dem Auto begannen zu zappeln, allmählich erschienen Oberkörper und Arme und schließlich ein staubbedeckter Kopf mit wuscheligen schwarzen Haaren. Wadjiris Haut war heller als Budjirindjias, seine Nase weniger breit. Er hustete, spuckte aus und richtete sich langsam auf.
»Ist er schon wieder kaputt?« fragte Joe und wies auf den Jeep.
»Yeeeaaah«, antwortete Wadjiri gedehnt. »Rührt sich keinen Zentimeter, die alte Karre. Werde sie wohl bald zu den anderen bringen müssen.« Er wies mit dem Daumen zum Ortseingang, wo all die Autowracks herumlagen.
Joe setzte sich neben Wadjiri in den Staub. Sternberg überlegte kurz, dann ließ auch er sich nieder. Nur Budjirindjia blieb stehen, stützte sich leicht auf den Jeep. Der alte Onkel beachtete sie nicht. Er schaute stumm vor sich hin.

Seltsam, dachte Sternberg. Er fühlte sich ein wenig unsicher und sogar unbehaglich.
Die jungen Männer sprachen über Autos und Ersatzteile. Dann fragte Joe noch einmal nach Sarah, denn Wadjiri war offensichtlich Sarahs Bruder.
»Es geht ihr nicht besonders gut«, sagte Wadjiri. »Sie hat immer noch Fieber. Wenn es nicht besser wird, werden wir sie vielleicht ins Krankenhaus bringen. Ich glaube nicht, daß unser Medizinmann weiß, was ihr fehlt.«
Plötzlich bewegte sich der Alte. Er hob den Kopf und sah Wadjiri ernst an.
»Rede nicht so!« sagte er. »Er weiß genau, was geschehen ist. Viele im Dorf werden krank werden. Es kann sein, daß ein Fremder uns krankgesprochen hat. Es kann auch sein, daß die große Schlange böse geworden ist. Im Krankenhaus werden sie da nicht helfen können!« Der Alte spuckte verächtlich aus.
Wadjiri zuckte die Achseln.
»Kann ja sein«, meinte er mürrisch.
Der Alte lehnte sich wieder zurück und schaute nachdenklich auf den Jeep.
»Wir haben nicht soviel Zeit, denn wir sind zu Fuß gekommen«, sagte Joe. »Ich wollte euch nur meinen Freund Philip vorstellen, und er wollte euch vor dem Wasser im Fluß warnen.«
Wadjiri nickte.
»Ich habe mir schon gedacht, daß es giftig ist. Jedenfalls sieht es giftig aus!«
»Kommt ihr noch ein Stück mit?« fragte Joe.
Budjirindjia und Wadjiri nickten. Langsam durchquerten die vier das Dorf. Jetzt erst fiel Sternberg auf, daß es ganze Schwärme von schwarzen Fliegen gab. In einer der Hütten plärrte ein Fernsehgerät. Eine Aboriginefrau spähte hinter einem Vorhang hervor und schnitt eine Grimasse,

als Sternberg ihrem Blick begegnete. Der Kommissar fühlte sich plötzlich wie ein Eindringling in eine fremde Welt. Er war froh, als sie das Dorf hinter sich ließen und wieder in den Busch hinauswanderten.
»Ich habe etwas nicht verstanden«, wandte er sich an Budjirindjia, der neben ihm herging. »Der alte Mann sprach davon, daß ein Fremder euch krankgesprochen hat. Was hat er damit gemeint?«
Bundjirindjia blieb stehen.
»Man darf eigentlich nicht darüber sprechen«, antwortete er leise. »Vielleicht kann Joe das besser erklären, denn er ist kein Aborigine.«
Budjirindjia nickte, faßte Wadjiri an der Schulter.
»Wir werden jetzt zurückgehen«, sagte Budjirindjia ernst. Er hob grüßend die Hand, drehte sich um und verschwand auf eine ähnlich lautlose Art wie am Morgen. Auch Wadjiri war kurz darauf nicht mehr zu sehen. Sternberg starrte auf die Büsche und Gräser, die im Wind hin und her schwankten.
»Wie machen sie das, Joe? Sie können doch nicht einfach verschwinden. Es sind ganz normale Menschen!«
Joe lachte.
»Ja, sie sind ganz normale Menschen, aber sie sind auch Aborigines, und die haben es nun mal von klein an gelernt, sich im Busch lautlos zu bewegen und zu verschwinden, wenn sie es für richtig halten.«
Sternberg schüttelte fassungslos den Kopf.
»Ich habe immer gedacht, das sei ein Scherz oder eine Erfindung von Schriftstellern oder Filmregisseuren.«
»Das hat mein Vater früher auch gedacht. Doch dann lernte er die Aborigines kennen. Seitdem weiß er, was alles möglich ist.«
»Und was bedeutet die Bemerkung des Alten, daß ein Fremder die Menschen im Dorf krankgesprochen hat?«

Joe schlug mit dem Stock gegen ein hohes Grasbüschel. Ein brauner Schatten schoß sich schlängelnd davon. Sternberg blieb erschrocken stehen.
»Schon okay«, sagte Joe ruhig. »Deswegen klopfe ich ja auf die Büsche.«
»Gut!« erwiderte Sternberg gepreßt. »Ich bin hier ein Greenhorn und habe keine Ahnung. Ich vertraue dir, Joe. Aber erklär mir jetzt bitte die Sache mit dem Alten und dem Kranksprechen.«
»Das soll lieber mein Vater machen«, sagte Joe und ging langsam weiter. »Er hat sich mit diesen Dingen genauer befaßt.«

Das Riverside Hotel war bereits um sieben Uhr abends randvoll. Sternberg lehnte am Tresen und beobachtete die Männer, die sich in dem großen, holzgetäfelten Raum drängten. Große, bärtige Kerle mit Gesichtern, die von der Sonne gebräunt oder gesprenkelt waren. Die Männer machten eine Menge Lärm, schlugen einander auf die Schultern und unterhielten sich in einem Englisch, das Sternberg kaum verstand. Ihm kam es vor, als verschluckten sie einen Großteil der Worte. Der Rest kam in einer Art Singsang über ihre Lippen. Jeder schien jeden zu kennen. Und sie tranken gewaltig: Bier, Portwein und einen Schnaps, den sie Liquor nannten.
Das Riverside Hotel war kein richtiges Hotel. Zwar konnte man ein paar Zimmer mieten, doch eigentlich handelte es sich um eine große Kneipe, eine Art Treffpunkt für alle Farmer, Landarbeiter oder Holzfäller der Gegend. Es war ein altmodisches Hotel und stammte aus dem 19. Jahrhundert. Innen und außen wirkte es sehr eng-

lisch. Es hatte Balkone und Türmchen, alte Möbel. Frische Rosensträuße dufteten in verzierten Vasen gegen den Tabakqualm der Gäste an. An den Wänden hingen kitschige Bilder von Schafen auf der Weide und von Sonnenuntergängen über einer weiten australischen Landschaft. Ströme von Bier flossen aus glänzenden Zapfhähnen. Die Frauen, die überquellende Teller vor die hungrigen Männer hinstellten, sahen aus wie englische Hausfrauen. Sie trugen große weiße Schürzen, hatten rosige Backen, graublondes Haar und waren ein wenig rundlich.
Sternberg schaute zu seinem Freund Gregor hinüber, der gerade in ein lebhaftes Gespräch mit einem der Farmer vertieft war.
Er sieht aus wie einer von ihnen, dachte der Kommissar. Er trägt einen ledernen Farmerhut, der ganz verschwitzt und verbogen ist. Er hat ein Gesicht, das hierher paßt, und er ist so kräftig wie all die anderen hier. Und trotzdem ist Gregor auch anders. Seine Augen gehen wachsam hin und her. Er pflanzt neue Bäume, arbeitet als eine Art Biobauer, und er kümmert sich um die Umweltprobleme. Die anderen wirken nicht so, als würden sie sich dafür interessieren.
Gregor grinste Sternberg an und winkte ihm zu.
»Komm her!« rief er über die Köpfe der anderen hinweg.
Sternberg ließ sein leeres Bierglas zurück und bahnte sich einen Weg zu seinem Freund. Mehrmals schlug einer der Männer ihm kräftig auf die Schulter, fragte: »Wer bist du denn? Neu hier? Magst du ein Bier?«
Sternberg lächelte und schüttelte den Kopf. Endlich hatte er Gregor erreicht.
»Das ist Matt!« Gregor wies auf den großen Mann, der neben ihm stand.
Philip Sternberg war nicht gerade klein, immerhin maß er 1,87 Meter, doch der Mann, dessen Hand er jetzt schüt-

telte, war sicher fast zwei Meter groß. Außerdem hatte er einen gewaltigen Brustumfang und einen beachtlichen Bauch. Sternberg fühlte sich klein und zierlich neben diesem Riesen.
»Gdday!« sagte der Riese Matt und drückte Sternberg ein Glas Bier in die Hand. »Gdday« bedeutete eigentlich good day, also guten Tag. Sternberg nahm das Bier und bedankte sich.
»Alle reden hier nur über den Fluß«, sagte Gregor, »und Matt würde gern deine Meinung über die grüne Färbung wissen. Sein Land grenzt nämlich genau an den Fluß, und er hat Sorge, daß seine Schafe und Rinder krank werden könnten.«
»Das kann schon passieren«, antwortete Sternberg und wandte sich an Matt. »Diese Art von Algen kann sehr giftig sein. Ich würde Ihnen raten, Ihre Tiere vom Fluß wegzutreiben.«
Matt starrte den Kommissar aus seinen hellblauen Augen an, die von unzähligen feinen roten Äderchen durchzogen waren.
»Vom Fluß wegtreiben! Wie stellst du dir das vor, Mann. Der Fluß ist das einzige Wasser für die Tiere. Auf meinem Land sind in diesem Jahr alle dams ausgetrocknet. Wenn ich sie vom Fluß wegtreibe, dann kann ich sie auch gleich erschießen!« Matt leerte sein Bierglas in einem Zug und knallte es auf den Tresen. Die Frau hinter der Bar nahm das Glas und füllte es so schnell, daß es in wenigen Sekunden wieder vor Matt stand. Es war randvoll und sah eher aus wie Apfelsaft, denn den Schaum hatte die Frau mit einer schnellen Bewegung abgestreift.
»Stimmt's so?« rief sie Matt lachend zu.
Matt nickte und tat erneut einen tiefen Schluck. Dann wandte er sich wieder Philip Sternberg zu.
»Du kommst aus Deutschland, nicht wahr? Greg hat mir

gerade davon erzählt. Er sagt, daß du ein alter Freund von ihm bist, Phil. So heißt du doch.«
Sternberg nickte.
»Wenn du ein Freund von Greg bist, dann kann man dir vermutlich auch trauen. Du wirst also keinen Unsinn über den Fluß erzählen.«
Sternberg zuckte die Achseln und trank ebenfalls einen Schluck von seinem schaumlosen Bier. Es wurde immer lauter im Riverside Hotel, denn inzwischen hatten die Gäste schon eine ganze Menge getrunken.
»Wenn du also keinen Unsinn redest, sondern jemand bist, der was von der Sache versteht, dann sieht die Lage ziemlich schlimm aus. Die meisten Farmer hier haben Land am Fluß, oder sie benutzen zur Zeit Flußwasser, um die Tiere zu tränken. Es war schon viele Jahre nicht mehr so verdammt trocken wie in diesem Sommer.«
»Gibt es denn keine Möglichkeit, irgendwo anders Wasser aufzutreiben?« fragte Sternberg, der sich allmählich daran gewöhnte, daß der Farmer Matt ihn Phil nannte.
Matt schüttelte den Kopf.
»Man könnte höchstens Wasser kaufen, das in Tankwagen angeliefert wird. Aber das ist verdammt teuer. Es ist zu teuer, um all die vielen Schafe und Rinder zu versorgen.« Matt versank in düsterem Schweigen.
Nach einer Weile richtete er sich wieder auf und kniff seine Augen zusammen.
»Aber vielleicht ist das Wasser gar nicht giftig!« rief er. »Ihr in Europa macht euch sowieso zu viele Sorgen. Vielleicht sind die grünen Algen einfach nur grüne Algen!«
Matt tat einen unsicheren Schritt auf den Tresen zu. Er war offensichtlich schon angetrunken.
»Hört mal her!« schrie er plötzlich und schlug mit der Faust auf die dicke Holzplatte. Es wurde immerhin ruhiger im Riverside Hotel.

»Hört mal her, verdammt noch mal!«
Alle Köpfe wandten sich Matt zu, der ohnehin die meisten Anwesenden überragte.
»Wir haben hier einen Gast aus Europa! Also trinken wir auf ihn, Jungs!«
Die Männer lachten und hoben ihre Gläser. Sie prosteten Sternberg zu, aber sie stießen auch miteinander an, denn die meisten konnten den Kommissar ohnehin nicht sehen. Ehe der Kommissar sich versah, standen etwa zehn Gläser Bier vor ihm. Er schaute sich hilfesuchend nach Gregor um. Der lachte laut.
»So ist das hier, wenn einer willkommen geheißen wird. Jeder will eine Runde Bier ausgeben.«
»Um Himmels willen!« Sternberg raufte seinen Schnurrbart. »Du wirst mich zum Wagen tragen müssen, wenn ich das hier alles trinken soll. Ist es unhöflich, wenn ich nicht alle Gläser austrinke?«
Gregor nickte ernst.
»Es ist sehr unhöflich, Philip. Aber in zehn Minuten sieht hier ohnehin keiner mehr klar. Sie werden dann einfach die vollen Gläser nehmen und selbst trinken. Es wird nämlich nur bis neun Uhr Alkohol ausgeschenkt. Bis dahin möchte jeder möglichst viel trinken. Du brauchst also nur abzuwarten, dann erledigt sich dein Problem von selbst.«
Sternberg grinste. Dann kletterte er auf einen Hocker und schwang seine Arme.
»Danke!« rief er über die schwankenden Köpfe hinweg. »Danke für das Bier und für eure Gastfreundschaft!«
Die Männer johlten und lachten.
»Ich fühle mich sehr wohl in eurem schönen Land!«
»Jeahh! Jippeee!« riefen die Männer und warfen ein paar Hüte in die Luft.
»Ich hatte allerdings nicht erwartet, daß hier soviel Bier

getrunken wird. Ich dachte, das machen nur die Leute in Bayern!«
Wieder lachten alle sehr laut, und auch die Frauen hinter dem Tresen begannen zu klatschen.
»Hier gibt es eben richtige Kerle!« rief ein kleiner, drahtiger Bursche und schlug seinem Nachbarn so kräftig auf die Schulter, daß dieser sein Bier verschüttete.
»Aber da ist noch etwas, das ich euch sagen will. Ich bin Umweltspezialist, und ich habe mir den Fluß angesehen. Ich weiß, daß die meisten von euch Vieh am Fluß haben. Ich möchte euch warnen, denn ich bin sicher, das Wasser ist sehr giftig!«
Es wurde ganz still im Riverside Hotel. Alle Augen waren auf Sternberg gerichtet. Ein, zwei Minuten lang sagte niemand etwas. Dann rief plötzlich einer der Männer: »Und warum haben uns die Behörden noch nicht gewarnt? Der Fluß ist grün, okay, aber bisher ist noch kein Schaf umgefallen. Wenn etwas nicht in Ordnung wäre, dann würden doch die Behörden warnen, oder?!«
Die anderen Farmer murmelten zustimmend.
»Ich weiß nicht, warum die Behörden noch keinen Alarm ausgerufen haben«, sagte Sternberg. »Aber ich denke, daß es bald geschehen wird. Vielleicht war die Giftkonzentration bisher noch nicht so hoch, daß die Tiere ernsthaft erkranken konnten. Heute nachmittag jedenfalls sah der Fluß nicht besonders gut aus. Es ist sehr heiß, und die Algen vermehren sich stündlich. Vielleicht dauert es noch ein paar Tage, ehe das Gift wirksam wird. Es kann aber sein, daß schon morgen eure Tiere krank werden!«
Unter den Männer setzte Unruhe ein. Sie murmelten, diskutierten miteinander, stellten halbvolle Biergläser auf den Tresen zurück. Einige verließen das Hotel.
Matt richtete sich kerzengerade auf. Er hatte es nicht nötig, auf einen Hocker zu klettern.

»Ich denke, wir fahren alle nach Hause und sehen nach unseren Tieren. Wenn irgendwas Ungewöhnliches los ist, dann ruft bei mir an. Ich meine, in diesem Fall sollten wir alle zusammenarbeiten, wie wir es immer getan haben, Jungs!«
Beifällige Rufe wurden laut, und einige der Gäste klatschten in die Hände. Noch mehr Farmer verließen das Hotel. Die anderen aber scharten sich um Matt, bestellten noch ein Bier.
»Wenn das Wasser tatsächlich giftig ist, dann sitzen wir in der Scheiße!« sagte ein untersetzter Mann mit rotem Gesicht.
»Das kannst du sagen, Kumpel!« bestätigte ein anderer.
Der Mann mit dem roten Gesicht kratzte sich am Kinn.
»Wir können nichts machen!« stellte er fest. »Wir können nur abwarten.«
»Jeaaah«, nickte der andere.
»Bei den Aborigines sind einige Leute krank geworden«, sagte Philip Sternberg. »Ich hoffe, daß keiner von ihnen aus dem Fluß getrunken hat.«
Die Männer starrten in ihre Biergläser, und es wurde wieder sehr still im Riverside Hotel. Nach einer Weile schaute der Mann mit dem roten Gesicht auf.
»Bei denen sind immer ein paar krank. Sie saufen, prügeln sich und klauen. Wir hier sagen immer, die beste Lösung für dieses Problem wäre: Fangt sie alle ein, transportiert sie in die Wüste und gebt ihnen ein paar Fässer Schnaps und Gewehre.«
Sternberg spürte einen stechenden Schmerz in seinem Rücken. Er stellte sich dumm und fragte: »Und was soll dann passieren?«
Die Männer lachten brüllend.
»Ganz einfach!« rief der Rotgesichtige. »Sie werden sich erst besaufen und dann gegenseitig abknallen!«

Sternberg beobachtete die halbbetrunkenen Männer.
So war das damals auch schon, dachte er, damals vor 200 Jahren, als die Europäer nach Australien kamen. Damals haben sie die Aborigines einfach umgebracht.
Er schüttelte sich leicht. Im nächsten Augenblick fühlte er Gregors Hand auf seiner Schulter.
»Ich denke, wir gehen besser«, flüsterte sein Freund. »Wenn die Leute betrunken werden, ist der Abend meistens nicht mehr so fröhlich.«
Sternberg nickte. Sie winkten den Männern zu und gingen zur Tür.
»Nicht alle sind so rassistisch wie Skip«, murmelte Gregor auf dem Weg zum Wagen. »Er ist einer der Schlimmsten. Doch schlimm ist, daß kaum einer der anderen ihm wirklich widerspricht. Sie hören sich seine Haßreden und üblen Scherze über die Aborigines an, trinken ihr Bier, lachen sogar. Die meisten halten einfach nicht viel von den Ureinwohnern. Einige weigern sich sogar, sie als Landarbeiter zu beschäftigen. Und seit es für die Aborigines die Möglichkeit gibt, Landrechte einzufordern, haben alle Angst, daß sie selbst etwas von ihrem Land abgeben müssen. Es ist ein Trauerspiel.«
»Aber du hast doch gute Kontakte zu den Aborigines. Trotzdem scheinst du auch mit den Farmern befreundet zu sein.« Sternberg war stehengeblieben und atmete tief die klare Nachtluft ein.
Gregor reckte die Arme.
»Na ja, wie man es nimmt«, sagte er. »Hier auf dem Land, im Busch, mußt du mit den anderen einigermaßen auskommen. Du brauchst immer wieder Hilfe. Es ist ein rauhes Land. Wir werden von Zyklonen heimgesucht, das sind entsetzliche Wirbelstürme, es gibt Dürrekatastrophen, Futtermangel, Buschbrände. Da ist man aufeinander angewiesen. Jeder Nachbar braucht den anderen. Und

so versuchen alle, einigermaßen miteinander auszukommen. Mit Skip, der diesen scheußlichen Witz erzählt hat, habe ich allerdings kaum etwas zu tun. Ich gehe ihm aus dem Weg, denn er ist wirklich ein übler Rassist.«
Sternberg nickte nachdenklich. Sie hatten inzwischen den Landcruiser erreicht und stiegen ein. Gregor lenkte das schwere Fahrzeug auf die Straße zurück. Die Nacht war pechschwarz, denn keine Stadt oder größere Siedlung lag in der Nähe. Nie hatte Sternberg eine so schwarze Nacht gesehen. Die Sterne aber, die am Himmel leuchteten, waren riesig und so klar, daß der Kommissar meinte, sie mit den Händen greifen zu können.
»Übrigens«, sagte er nach einer Weile, »ein alter Mann im Aboriginedorf hat heute etwas Merkwürdiges gesagt. Er meinte, daß einige Menschen im Dorf möglicherweise krankgesprochen wurden. Kannst du mir erklären, was das bedeutet?«
Gregor antwortete nicht sofort. Er fuhr sehr langsam, achtete auf Tiere, die aus der Dunkelheit auf die Straße springen könnten.
»Es gibt da mehrere Möglichkeiten«, sagte er schließlich. »Manchmal werden Aborigines vom Medizinmann einer anderen Stammesgruppe krankgesprochen. Das bedeutet, sie werden mit einer Art bösem Zauber, einem Fluch belegt. Es ist sehr schwer, gegen solch einen Fluch anzugehen, häufig sterben die Opfer daran.«
»Meinst du das im Ernst?« fragte Sternberg.
»Jaja, ich meine das sehr ernst. Für Europäer mag das völlig blödsinnig klingen, doch es funktioniert tatsächlich. So etwas Ähnliches gibt es auch in Afrika und bei anderen Naturvölkern.«
»Entschuldige, wenn ich eine dumme Frage stelle. Aber warum sollte ein fremder Medizinmann die Leute krankspechen?«

Gregor bremste leicht. Am Straßenrand leuchteten die Augen eines Känguruhs. Das Tier saß auf seinen Hinterbeinen und starrte in die Scheinwerfer des Autos. Dann machte es einen Satz und flüchtete in die Dunkelheit zurück.
»Ein intelligentes Känguruh«, murmelte Gregor. »Meistens springen sie nämlich auf die Straße.« Er kratzte sich am Ohr. »Aber du wolltest wissen, warum Aborigines krankgesprochen werden. Na ja, das kann viele verschiedene Gründe haben. Irgendein Verwandter der anderen Familie könnte zum Beispiel dem Stamm des Medizinmanns Schaden zugefügt haben. Es kann auch ein Verwandter sein, der schon lange tot ist. Oder irgendwer hat die Gesetze verletzt – ein Totemtier der anderen getötet, sich in die falsche Frau verliebt . . . es gibt da viele Möglichkeiten.«
Gregor ließ den Wagen auf einer kleinen Anhöhe sanft ausrollen.
»Komm!« sagte er. »Ich möchte dir eine echte australische Nacht zeigen.«
Sie kletterten aus dem Landcruiser. Gregor hatte die Scheinwerfer ausgeschaltet. Nebeneinander schauten sie in die Nacht hinaus. Der Himmel war schwarzblau, und doch konnten sie weit ins Land sehen. Wieder staunte Sternberg über die Größe der Sterne. Die Milchstraße sah aus wie eine leuchtende Wolke. Es war so still, daß Sternberg sich nach einer Weile räusperte, um sicher zu sein, daß es noch Geräusche gab.

Als Sternberg am nächsten Morgen zum Frühstück erschien, fand er nicht nur Gregor und Joe in der Küche, sondern auch Budjirindjia. Es war sehr früh am Morgen. Der gelbe Wildhund lag unter dem Tisch und knurrte leise, als Sternberg eintrat. Budjirindjia stieß ein leises Zischen aus. Da legte der Hund seinen Kopf wieder auf die Pfoten und verstummte. Nur seine Ohren blieben wachsam gespitzt.

»Den kranken Leuten im Dorf geht es schlechter«, sagte Gregor und reichte Sternberg eine große Tasse mit dampfendem Tee.

Sternberg sah den jungen Aborigine fragend an. Budjirindjia zuckte die Achseln und senkte den Blick.

»Der Medizinmann scheint nicht so genau zu wissen, was los ist«, meinte er. »Es muß ein sehr starker Zauber sein, wenn meine Verwandten wirklich krankgesprochen wurden. Ich bin eigentlich dafür, daß wir einen weißen Arzt rufen, aber mein Onkel und Wadjiris Onkel sind dagegen. Sie glauben nicht, daß ein Arzt helfen kann. Sie meinen, der Fluß und die Schlange sind Zeichen dafür, daß starke Kräfte wirken.«

Sternberg dachte nach. Es war immerhin möglich, daß die Menschen vergiftetes Flußwasser getrunken hatten. Es konnte aber genausogut sein, daß sie verdorbene Nahrung gegessen hatten. Bei dieser Hitze konnte man Lebensmittel nicht lange aufbewahren. Außerdem gab es unzählige Infektionskrankheiten. Vielleicht aber waren sie tatsächlich krankgesprochen worden! Sternberg strich über seinen Schnurrbart.

Quatsch, dachte er. Aber wieso eigentlich? Gregor ist sich sicher, daß es diese Dinge tatsächlich gibt. Sie passen nur nicht in mein europäisches Gehirn.

Er trank vorsichtig ein paar Schlucke von dem heißen Tee.

Budjirindjia biß gerade in eine dicke Scheibe Toast, die er mit Orangenmarmelade bestrichen hatte.
»Ich werde nach dem Frühstück mit Joe und Budjirindjia ins Dorf fahren«, sagte Gregor. »Hast du Lust, mitzukommen?«
Sternberg nickte.
»Da hast du deinen australischen Urlaubsfall«, grinst Gregor. »Genau das wolltest du doch nicht!«
»Urlaubsfälle sind trotzdem anders als Dienstfälle«, antwortete Sternberg. »Ich gehe sie einfach entspannter an.«
Er aß gebratene Pilze, Tomaten und Toast mit Schafskäse. Danach stellten sie gemeinsam die Teller in die Spüle, räumten die Lebensmittel in den riesigen Kühlschrank und schlossen das Haus ab. Obwohl es erst halb acht Uhr war, empfand Sternberg die Strahlen der Sonne bereits als stechend.
»Heute wird es heiß!« sagte Joe. »Im Radio haben sie 38 bis 42 Grad Celsius vorausgesagt. Es gibt auch Feueralarm. Weiter südlich brennt der Busch auf eine Länge von sechs Kilometern.«
»Kann das Feuer bis hierher kommen?« fragte Sternberg.
»Nein«, antwortete Joe. »Der Fluß liegt dazwischen. Aber im Norden brennt es auch. Das ist ziemlich normal bei diesem Wetter.«
»Normal?« fragte Sternberg zweifelnd.
Gregor wandte sich lächelnd zu ihm um.
»Ja, es ist wirklich normal, Herr Kommissar. Wenn es extrem heiß wird, dann beginnen die Eukalyptusbäume regelrecht zu explodieren. Du mußt wissen, daß diese Bäume sehr ölhaltig sind. Wenn sie explodieren, dann entzünden sie sich selbst. Meistens sind diese Buschfeuer nur auf ein kleines Gebiet beschränkt. Doch wenn es sehr windig und heiß ist, dann kann sich das Feuer schnell ausbreiten. Australien ist ein sehr feuriger Kontinent.«

Sternberg nickte.
»Danke«, antwortete er. »Ich wußte nicht, daß Buschfeuer auf diese Weise entstehen können. In Deutschland werden Brände in Australien immer als Katastrophe dargestellt.«
»Manchmal sind sie das auch. Viele Feuer entstehen durch Brandstiftung. Manchmal wird der Busch an verschiedenen Stellen gleichzeitig angezündet. Dann können die Brände wirklich zu Katastrophen werden und ganze Städte bedrohen. Aber diese Katastrophen gibt es auch in Südeuropa.«
Sie stiegen in den Landcruiser. Gregor lenkte den Wagen zur Straße. Sie mußten einen weiten Bogen fahren, um zum Dorf der Aborigines zu gelangen. Als sie zum Fluß kamen, hielt Gregor den Wagen kurz an. Das leuchtende Blaugrün des Wassers hatte sich noch verstärkt. Der Fluß sah inzwischen aus, als hätte jemand Leuchtfarbe hineingegossen. Gregor schüttelte besorgt den Kopf.
»Ekelhaft!« sagte Joe.
Budjirindjia blieb stumm. Doch sein Gesicht zeigte einen düsteren Ausdruck.
»Ich glaube nicht, daß die Leute im Dorf vom Flußwasser getrunken haben!« sagte er plötzlich. »Ich glaube auch nicht, daß sie krankgesprochen wurden!«
Joe sah seinen Freund fragend an. Doch Budjirindjia versank wieder in Schweigen. Sternberg wandte sich um, wollte dem jungen Aborigine eine Frage stellen, doch Gregor führte einen Finger zu den Lippen.
»Frag ihn nicht«, sagte er leise auf deutsch. »Er wird selbst sagen, was er meint. Und er wird es genau dann sagen, wenn er es für richtig hält.«
Sternberg lehnte sich in seinem Sitz zurück.
Ich bin neugierig, dachte er, und ich bin ungeduldig. Typisch europäische Eigenschaften – vor allem die Ungeduld. Gregor scheint hier eine Menge gelernt zu haben.

Die schmale Straße führte durch lichten Buschwald. Plötzlich näherte sich ein kleiner Lastwagen mit hoher Geschwindigkeit. Gregor lenkte den Landcruiser an den äußersten linken Rand der Straße. Das entgegenkommende Fahrzeug donnerte an ihnen vorbei, bremste dann scharf und blieb stehen. Gregor hielt ebenfalls an. Der Lastwagen fuhr rückwärts und bremste neben ihnen. Ein Mann beugte sich aus dem Fenster. Es war Matt, der Riese aus dem Riverside Hotel.

»Hi, Greg!« schrie er, um den Motorenlärm zu übertönen. »Ich bin auf dem Weg in die Stadt! Dein Freund Phil hatte recht! Mir sind heute Nacht 40 Schafe eingegangen. Die anderen sind krank, und die Rinder sehen auch schlecht aus. Bei den anderen Farmern ist es nicht besser. Wir brauchen dringend sauberes Wasser!«

Gregor schaltete seinen Motor aus.

»Und wo willst du das herkriegen?« rief er zu Matt hinüber.

»Die verdammten Behörden müssen was tun!« schrie Matt zurück. »Wozu bezahlen wir denn Steuern. Wenn die zulassen, daß unsere Viecher abkratzen, dann kriegen sie gar keine Steuern mehr!«

»Wissen die schon Bescheid in der Stadt?« fragte Gregor.

»Ja, allerdings. Die konnten sich nicht mehr retten vor Anrufen. Ein paar von unseren Kumpels sind schon dort. Das gibt jede Menge Ärger, und wenn wir ihnen die toten Viecher vor die Tür kippen müssen!« Matt hob grüßend die Hand. »Ich halte dich auf dem laufenden, Greg!«

Mit kreischenden Reifen fuhr der Lastwagen wieder an, wirbelte eine riesige Wolke roten Staubs auf und war hinter der nächsten Kurve verschwunden.

Gregor nickte grimmig, schlug mit einer Hand auf das Lenkrad und startete ebenfalls seinen Wagen.

»Eigentlich ist es fast komisch«, sagte er. »Es gibt hier eine ganze Menge Leute, die sich mit natürlichem Landbau befassen und die den Farmern schon seit langer Zeit sagen, daß sie zuviel Mineraldünger verwenden. Diese Leute haben immer vor der Überdüngung des Flusses gewarnt, doch die Farmer haben sie ausgelacht. Jetzt haben die Herren ihre Quittung, und was tun sie? Sie schreien nach den Behörden.«

»Ist das nicht ein bißchen ungerecht?« fragte Sternberg. »Das Leben eines Farmers ist hier sicher nicht gerade leicht. Wenn ich mir ansehe, was ihr hier Weide nennt, dann kommt mir das eher vor wie eine Halbwüste. Ich kann mir nicht vorstellen, daß die Tiere von den drei verdörrten Grashalmen satt werden können.«

»Oh!« rief Joe. »Dann solltest du die Gegend mal im Winter und im Frühling sehen. Das Gras ist so hoch, daß es mir bis zum Oberschenkel reicht. Alles ist grün, und die Tiere werden mehr als satt. Im Sommer müssen sie eben fasten. Aber die Farmer füttern auch Heu zu. Nur im Inneren Australiens wird es so heiß und dürr, daß viele Tiere tatsächlich verhungern oder verdursten. Da mußten schon jede Menge Farmer aufgeben, weil es zehn Jahre lang nicht geregnet hat.«

Plötzlich richtete Budjirindjia sich auf.

»Das ist kein Land für Rinder und Schafe!« sagte er streng. »Mein Großvater sagt, daß die Hufe der Tiere den Boden zerstören. Wo viele Rinder weiden, entsteht Wüste, sagt mein Großvater. Es gibt immer mehr Wüste in unserem Land, und das ist allein die Schuld der Weißen. Sie sind gekommen und haben unser Land zerstört. Mein Großvater sagt, man darf nur nehmen, was die Erde schenkt. Sie schenkt, und man muß ihr etwas zurückgeben. Die Weißen nehmen immer nur, sie wollen immer mehr. Sie nehmen Wasser, sie zwingen die Erde, Früchte zu tragen, sie rauben Eisenerz, Uran, Gold, Opale. Sie

ziehen Zäune aus Stacheldraht. Mein Großvater sagt, daß die Regenbogenschlange eines Tages alle vernichten wird, weil sie die Gesetze nicht beachten.« Budjirindjia schüttelte sein langes blondes Haar und verschränkte die Arme über der Brust.
»Welche Gesetze?« fragte Sternberg leise.
Budjirindjia warf ihm einen abschätzigen Blick zu.
»Es sind die Gesetze der Ahnen, die Gesetze der Traumzeit. Ich kenne sie auch nicht mehr alle, denn die Weißen haben die Gesetze abgeschafft, und viele unserer Leute haben sie vergessen. Das ist sicher auch der Grund, warum die Regenbogenschlange so wütend ist. Nicht nur die Weißen mißachten die Gesetze, auch die Aborigines. Wenn wir unser Land zurückbekommen könnten, dann würden wir uns wieder um die Gesetze kümmern, sagt mein Großvater. Deshalb kämpfen wir um unsere Landrechte.«
Sternberg nickte. Der Wagen begann wild zu schaukeln, denn sie waren inzwischen von der Landstraße auf eine Art Feldweg eingebogen, der zum Dorf führte.
»Der Junge hat noch immer nicht gesagt, was seiner Meinung nach die Ursache für die Erkrankungen ist«, sagte Sternberg auf deutsch zu Gregor und Joe.
»Er wird es sagen«, grinste Gregor. »Du mußt nur abwarten. Er sagt es ganz bestimmt!«
Zwischen den Eukalyptusbäumen tauchten die Hütten des Dorfes auf. Gregor fuhr langsamer, denn wieder stürmten die Wildhunde ihnen entgegen. Sie umkreisten den Wagen, sprangen neugierig an den Seiten hoch, um ins Innere zu schauen. Budjirindjias Dingo drängte sich ans Fenster, wedelte heftig und stieß winselnde Laute aus.
»Wie heißt dein Hund?« fragte Sternberg den Aborigine.
»Dingo!« antwortete Budjirindjia.
Der Hund stieß mit der Schnauze ans Fenster des Land-

cruisers, um zu zeigen, daß er aussteigen wollte. Gregor bremste vor den ersten Häuschen. Als er die Tür des Wagens öffnete, sprang der Wildhund mit einem Satz über die Rückenlehne des Fahrersitzes, landete halb auf Gregors Schulter und war im nächsten Augenblick mitten unter den anderen Dingos. Er schnappte um sich, knurrte und schüttelte sich kräftig. Die anderen Tiere wichen zurück, als wollten sie Dingo zeigen, daß sie ihn respektierten.

»Ist er der Anführer?« fragte Sternberg lächelnd.

»Ja«, antwortete Budjirindjia, »aber er muß immer wieder darum kämpfen. Deswegen benimmt er sich jetzt so komisch.« Zum ersten Mal an diesem Morgen lächelte Budjirindjia.

»Du bist stolz auf deinen Hund, nicht wahr?« fragte Sternberg.

Der junge Aborigine nickte.

»Dingo ist ein guter Hund. Er geht mit mir zur Jagd, er wacht, und er schläft bei mir. Ich kann mich auf ihn verlassen. Er ist ein Freund.«

Sternberg kletterte aus dem Landcruiser und schaute zu den Wassertanks des Dorfes hinüber.

»Ist eigentlich einer der Hunde krank?« fragte er plötzlich.

Budjidrindjia runzelte die Stirn. Seine Augen wanderten zu dem Rudel, das inzwischen im Staub herumspielte.

»Nein, ich glaube nicht«, antwortete er.

»Trinken die Hunde auch das Wasser aus den Tanks?« Sternberg wußte nicht genau, warum er diese Frage stellte. Es war mehr eine Ahnung als eine echte Absicht.

»Nein!« Budjirindjia schüttelte den Kopf. »Die Hunde trinken aus den Billabongs, die hinter dem Dorf liegen.«

Sternberg schaute ein wenig hilflos.

»Aus den Teichen«, erklärte Joe.

Budjirindjia aber starrte Sternberg aus zusammengekniffenen Augen an.
»Die Hunde sind gesund«, sagte er plötzlich, »aber viele Menschen werden krank. Sie trinken aus den Regenwassertanks. Aber nicht alle trinken aus allen Tanks. Die Familien haben verschiedenen Wasserspeicher. Wadjiri ist auch ein wenig krank heute morgen, genau wie Sarah und Sarahs Onkel und Großvater. Sie trinken aus einem gemeinsamen Tank.«
»Was willst du damit sagen, Budjirindjia?« fragte Joe.
Der Aborigine zuckte mit den Schultern.
»Mach's doch nicht immer so kompliziert!« stöhnte Joe.
Budjirindjia warf ihm einen seltsamen Blick zu.
»Es ist nicht kompliziert«, antwortete er. »Vielleicht ist die Schlange in einen Menschen geschlüpft. Sie kann alles. Vielleicht hat ein Fremder unsere Tanks vergiftet. Vielleicht hat die Schlange seine Hand geführt. Vielleicht aber nicht. Wer soll das so genau wissen. Erst die Zeit wird es zeigen. Dann können wir Rache nehmen und die Ordnung wiederherstellen. Es gibt Zeichen, die uns die Wahrheit sagen. Mein Großvater kennt sie, mein Onkel auch. Sie warten auf die Zeichen. Wenn die Zeichen da sind, dann werden sie handeln.«
Joe ballte die Fäuste.
»Haben deine Leute die Zeichen erkannt, als die Weißen hierherkamen? Haben sie die Zeichen gesehen, als ihre Wasserlöcher vergiftet wurden, als ihr Mehl mit Arsen vermischt war? Haben sie erkannt, daß man sie als Versuchskaninchen benutzte, um Atomwaffen zu testen? Vielleicht haben sie zu lange auf die Zeichen gewartet. So lang, bis sie tot waren!«
Budjirindjia schüttelte zornig seine langen Haare.
»Du verstehst gar nichts, Joe!« rief er. »Manchmal dauert es sehr lang, bis man die Zeichen versteht. Wir haben sie

längst verstanden. Deshalb kämpfen wir heute um unsere Landrechte. Wir werden den Weißen einen großen Teil unseres Landes wieder abnehmen. Es wird Land werden wie zuvor. Das Land der Ahnen. Wir werden die alten Wege wiederfinden, und die Schlange wird zur Ruhe kommen.«

Damit wandte Budjirindjia sich um und verschwand zwischen den Häusern.

»Du hast ihn beleidigt!« sagte Gregor zu seinem Sohn.

»Jaja!« antwortete Joe ungeduldig. »Manchmal muß ich ihn beleidigen, weil er mir mit seiner umständlichen Art auf die Nerven geht. Er hat einen ganz bestimmten Verdacht. Aber er sagt nicht einfach, was er denkt. Er macht eine seltsame, geheimnisvolle Geschichte daraus.«

»Hast du eine Ahnung, was Budjirindjia denken könnte?« fragte Sternberg.

»Ach, was weiß ich!« schimpfte Joe. »Ich hab eine Scheißwut auf ihn, weil er jetzt wieder wegrennt und nicht mehr mit mir reden will. Das ist schon oft passiert.«

Sternberg nickte leicht.

»Kann ich verstehen«, antwortete er. »Ich werde auch immer wütend, wenn Leute wegrennen, mit denen ich eigentlich reden möchte. Aber vielleicht denkt und fühlt Budjirindjia einfach anders als du oder ich. Mir gefällt die Vorstellung eigentlich ganz gut, daß man auf bestimmte Zeichen wartet, ehe man handelt.«

»Jaja!« höhnte Joe. »Und dann bringen sie einen Menschen von einem anderen Stamm um, weil dessen Urgroßvater vor 60 Jahren ein Gesetz übertreten hat. Ich finde viele Dinge bei den Aborigines total gut, aber so etwas überhaupt nicht!«

»Sie bringen ihn um?« fragte Sternberg erstaunt.

»Ja! Da geht zwar keiner hin, der ein Messer zückt. Aber

es gibt Methoden. KrankspRechen ist zum Beispiel eine davon.«
Sternberg schüttelte den Kopf und wandte sich an Gregor. »Stimmt das?« fragte er.
Gregor schaute vor sich hin in den roten Sand.
»Es ist was dran!« antwortete er. »Bei den Aborigines gibt es sehr strenge Gesetze, die man nicht überschreiten darf. Aber nicht immer gibt es strenge Strafen. Die Ältesten entscheiden das. Übrigens wollte ich noch etwas zu dem geschmacklosen Witz von Skip gestern abend sagen. Er meinte doch, daß man die Aborigines mit ein paar Fässern Schnaps und Gewehren in die Wüste schicken sollte, dann würden sie sich gegenseitig umbringen. Es ist heute auffällig, daß viele der Ureinwohner schnell gewalttätig werden, besonders, wenn sie Alkohol getrunken haben. Das hat sicher etwas damit zu tun, daß sie ihre alten Kampfrituale nicht mehr ausüben, wenn sie mit Weißen zusammenleben. Aber wenn man bedenkt, daß es auch bei uns jede Menge Wirthausschlägereien gibt – in Bayern und in Australien –, dann kann man sich darüber eigentlich nicht besonders wundern. Außerdem werden Menschen, die von anderen nicht geachtet werden und die deshalb wenig Selbstachtung haben, sehr leicht gewalttätig.«
»Leuchtet mir ein«, murmelte Sternberg und schaute sich um.
Es war sehr still im Dorf. Auf der Schwelle eines der Holzhäuschen saß eine Frau, die leise vor sich hin klagte.
Gregor ging auf sie zu, beugte sich herab und fragte leise, ob sie krank sei. Die Frau schüttelte den Kopf und wies ins Innere der Hütte. Gregor winkte Sternberg zu und trat ein. Langsam folgten Sternberg und Joe. Der Raum war ziemlich dunkel, und es dauerte eine Weile, ehe ihre Augen sich an das Dämmerlicht gewöhnt hatten.
Mehrere Matratzen lagen auf dem Boden der Hütte. Zwi-

schen dünnen Decken und Kissen ruhten dort drei Menschen. Sternberg erkannte Wadjiri, ein Mädchen von etwa zwölf Jahren und einen alten Mann.
Gregor kniete bereits neben Wadjiri, und auch Joe beugte sich jetzt herab.
»Wie geht es dir, Wadjiri?« fragte Gregor leise.
Der Junge stöhnte ein wenig.
»Es geht schon«, antwortete er. »Mir ist nur so heiß und außerdem übel und schwindelig. Ich kann auch nicht richtig sehen. Alles ist so verschwommen.«
Gregor strich über die Stirn des jungen Aborigine.
»Was ist mit Sarah?« fragte er. »Hat sie eine ähnliche Krankheit?«
Sarah richtete sich auf und stützte sich auf einen Ellenbogen. Ihr langes Haar wirkte sehr zottelig, ihre Augen funkelten seltsam in dem dunklen Gesicht.
»Mir ist auch schlecht«, flüsterte sie. »Und heiß ist mir auch. Gestern war ich fast blind, doch heute kann ich wieder besser sehen. Aber ich habe ein komisches Gefühl in meinen Beinen. Sie sind ganz taub.«
»Und Großvater?« fragte Gregor weiter.
»Ihm geht es ganz schlecht«, antwortete Sarah. »Er hat heute noch gar nichts gesagt.«
»Habt ihr einen Arzt gerufen?«
»Budjirindjias Vater hat gesagt, daß er heute einen Arzt rufen wird, wenn es uns nicht bessergeht. Aber er wollte sich noch mit den Ältesten und dem Medizinmann besprechen.« Sarah ließ sich wieder auf die Matratze zurückfallen.
»Was hat der Medizinmann mit euch gemacht?« fragte Gregor weiter.
Wadjiri bewegte sich unruhig.
»Er hat uns eine bittere Medizin gegeben und lange bei uns gesessen.«

»Ist noch jemand krank hier im Dorf?«
Erneut setzte sich Sarah mühsam auf.
»Ja, mein Onkel und meine Tante sind krank. Und ihr kleines Kind. Das sind alle Kranken. Sie gehören alle zu unserer Familie. Deshalb meint der Medizinmann, daß wir krankgesprochen worden sind.« Sarah bedeckte ihr Gesicht mit beiden Händen. Sie zitterte.
Joe legte einen Arm um sie, doch sie zuckte leicht zurück.
»Ich habe Angst«, sagte sie leise. »Geh weg, Joe! Vielleicht ist der Fluch ansteckend.«
»Ach was!« antwortete Joe heftig. »Flüche sind nicht ansteckend!«
Sarah kicherte plötzlich und rollte sich zusammen wie ein Baby.
Philip Sternberg hatte die Kranken unterdessen genau beobachtet. Die Symptome erinnerten ihn an irgend etwas, das er in den letzten Jahren erlebt hatte. Vorsichtig atmete er die leicht säuerliche Luft in der Hütte ein. Schweiß, Schwäche, Lähmungserscheinungen, Sehstörungen, dachte er. So ähnlich fühlten sich die Menschen in Italien, als sie an der Pestizidvergiftung litten. Schädlingsbekämpfungsmittel! Das könnte die Ursache dieser seltsamen Krankheit sein!
Er drehte sich um und verließ die dunkle Hütte. Diesmal konnte er einige Minuten lang nichts sehen, weil die Sonne ihn blendete. Er blinzelte ein wenig und setzte sich dann neben die Frau. Sie hatte inzwischen aufgehört zu klagen, saß einfach da und starrte vor sich hin. Ein einfaches Sommerkleid bedeckte ihren Körper. Ihre Füße waren nackt. Unzählige drahtige Locken kräuselten sich um ihren Kopf.
»Sie sind Sarahs und Wadjiris Mutter, nicht wahr?« fragte Sternberg.
Die Frau nickte unmerklich.

»Und Sie sind traurig.«
Die Frau jammerte kurz auf und senkte ihren Kopf auf die Knie.
»Ich habe ein paar Fragen an Sie, denn ich würde gern helfen. Könnten Sie diese Fragen beantworten?«
Die Frau sagte nichts. Ihr Kopf blieb auf ihren Knien liegen.
»Alle Kranken gehören zu Ihrer Familie, nicht wahr? Mich würde interessieren, ob alle Mitglieder Ihrer Familie das Trinkwasser aus einem Wassertank benutzen.«
Die Frau rührte sich nicht. Nur ihre Zehen bewegten sich in dem weichen roten Staub. Sternberg wartete. Langsam hob er seine Augen. Sein Blick wanderte über den roten Staub zu den Eukalyptusbäumen am Rand des Dorfes. Ihre Rinde war schneeweiß. Zwei Krähen saßen auf einem dürren Ast. Zwei pechschwarze Schatten vor einem dunkelblauen Himmel.
Plötzlich machte die Frau eine Bewegung. Sie strich ihr Haar zurück und hob ihren Kopf. Auch sie schaute zu den Krähen hinüber.
»Wir haben zwei Wassertanks«, sagte sie heiser. »Wir sind eine große Familie. Deshalb brauchen wir zwei.«
Sternberg lächelte die Frau an.
»Sie fühlen sich gesund?« fragte er.
»Ja«, antwortete die Frau.
»Haben Sie aus beiden Wassertanks getrunken oder nur aus einem?«
Die Frau dachte nach. Sie runzelte die Stirn, zupfte an ihrem Kleid.
»Ich weiß nicht genau«, antwortete sie dann. »Aber meistens benutze ich nur den Tank gleich hinterm Haus. Der andere steht ein wenig entfernt vom Dorf. Ich gehe immer nur dann hin, wenn der andere leer ist.«
»Kann es sein, daß Wadjiri, Sarah und ihre anderen Ver-

wandten aus diesem zweiten Tank getrunken haben?« Sternberg sah die Frau gespannt an.
»Es kann sein, kann auch nicht sein«, sagte die Frau und senkte wieder ihren Kopf.
»Ich danke Ihnen!« Sternberg stand langsam auf.
Gregor und Joe traten in diesem Augenblick aus der Hütte.
»Ich mache mir Sorgen!« sagte Gregor.
»Ich auch!« antwortete Sternberg. »Deshalb möchte ich vorschlagen, daß wir Proben von allen Trinkwassertanks nehmen. Ich habe das Gefühl, daß in wenigstens einem dieser Tanks etwas ist, was da nicht hineingehört!«

»Budjirindjia muß uns helfen, die Proben zu entnehmen«, sagte Gregor. »Anders geht das hier nicht, denn es sind schließlich die Wassertanks der Aborigines. Außerdem brauchen wir ungefähr zehn halbwegs saubere Flaschen, um die Proben abzufüllen.«
»Die Flaschen sind kein Problem!« rief Joe dazwischen. »Ich weiß, daß hier in allen Kühlschränken das Trinkwasser in Flaschen aufbewahrt wird. Wir müssen Budjirindjia nur bitten, die Flaschen zu organisieren. Das Problem ist vielleicht Budjirindjia selbst. Es könnte sein, daß er sauer ist. Es könnte auch sein, daß die Alten ihm verbieten, uns zu helfen.«
»Und wo ist Budjirindjia?« fragte Sternberg, der allmählich spürte, daß er ungeduldig wurde.
»Ich werde nachsehen!« sagte Joe und verschwand zwischen den Hütten.
»Du wirst ungeduldig, nicht wahr?« Gregor lächelte Sternberg freundlich an, während er einen kleinen Stein

zwischen seinen Fingern drehte. »Weißt du«, fuhr er fort, »das ist die Schwierigkeit aller Europäer in diesem Land. Sie meinen, daß alles genauso schnell gehen muß wie in Europa. Sogar die Leute, die hier schon seit Generationen leben, meinen das. Aber hier geht nichts so schnell. Es regnet monatelang nicht, und man muß einfach geduldig hoffen, daß es irgendwann regnen wird. Es ist erbarmungslos heiß, und man muß hoffen, daß es irgendwann wieder kühler wird. Man kann sich meistens nicht besonders schnell bewegen, weil es zu heiß ist. Und dann regnet es so heftig, daß alle Straßen sich in Schlammflüsse verwandeln. Man kann vielleicht tagelang nicht weiterfahren und muß bleiben, wo man gerade ist. Das alles ist nicht besonders schlimm. Man muß sich nur damit abfinden.«

»Jaja«, antwortete Sternberg, »ich habe schon befürchtet, daß du hier draußen ganz weise wirst. Ich werde auch nur deshalb ungeduldig, weil diese armen Menschen möglicherweise eine schwere Vergiftung haben. Dagegen kann man nämlich etwas tun, wenn ein Arzt weiß, welches Gift dahintersteckt. Ich vermute, daß es sich um Schädlingsbekämpfungsmittel handelt. Wenn man aber nichts dagegen tut, kann das auch tödlich enden.«

»Jaja«, meinte auch Gregor, »wenn die Leute hier nicht damit einverstanden sind, kannst du gar nichts machen. Es kommt jetzt also auf Joe an.«

Gregor wies mit einem ausgestreckten Arm auf die Eukalyptusbäume am Rand der Siedlung.

»Sie heißen ghost-gums, das bedeutet Geister-Eukalyptus. Sehen sie nicht wirklich wie Gespenster aus mit ihren weißen Stämmen?«

»Ja«, sagte Sternberg, »vor allem, wenn schwarze Krähen auf den weißen Ästen sitzen. Krähen sind in Europa Unheilsboten. Ich weiß nicht, wie das bei den Aborigines ist. Ich weiß nur, daß du verdammt gut ablenken kannst.«

»Was soll ich sonst machen?« fragte Gregor zurück. »Wir können nur warten, bis Joe zurückkommt.«
Nebeneinander lehnten sie sich an eine der Hütten und verschränkten die Arme über der Brust. Ihre Gesichter wurden von den breiten Hüten beschattet.
»Gut«, sagte Sternberg, »warten wir!«
Gregor antwortete nicht. Die rotblonden Hunde lagen im Schatten eines Landrovers. Schräg gegenüber saßen ein paar Aborigines auf der Veranda ihres Häuschens. Sie bewegten sich nicht, saßen einfach da. Sternberg kam es vor, als hätte die Zeit angehalten.
Vielleicht aber, dachte er, bin ich einfach in einen seltsamen Wildwestfilm geraten oder in eine Zeitmaschine.
Seine Ungeduld löste sich langsam auf, lief an ihm herab wie die Schweißtropfen. Der Kommissar lehnte entspannt an der Holzwand und wartete geduldig. Nach einer Weile verlor er sogar sein Zeitgefühl. Und als Joe mit Budjirindjia und einem zweiten Aborigine zwischen den Hütten auftauchte, wußte er nicht genau, ob er zehn Minuten oder eine Stunde in diesem Zustand verbracht hatte.
Sternberg hatte so lange auf die rote Erde zwischen den Hütten gestarrt, daß seine Augen sich nur mit Mühe auf die drei Menschen einstellen konnten. Als der fremde Aborigine vor ihm stehenblieb, senkte Sternberg verwirrt den Blick. Noch nie hatte er eine so breite und riesige Nase in einem menschlichen Gesicht gesehen.
»Das ist Jambadjimba. Er ist unser Medizinmann«, erklärte Budjirindjia.
Sternberg wagte einen zweiten Blick auf den Mann, der genau vor ihm in der grellen Sonne stand. Jambadjimba war fast so groß wie er selbst. Er trug ein beiges Buschhemd und kurze, beige Hosen. Sein Bart und seine Haare würden weiß. Seine Augen waren von unzähligen tiefen Lachfalten regelrecht eingehüllt. Es waren sehr dunkle, tief-

liegende Augen, die wachsam zu leuchten schienen. Und da war noch immer diese unglaubliche Nase.
Sternberg lächelte den Mann an und streckte ihm seine Hand entgegen. Der Aborigine senkte leicht seinen Kopf und nickte. Die ausgestreckte Hand des Kommissars beachtete er nicht.
»Wir sollten uns in den Schatten setzen«, sagte Budjirindjia. »Jambadjimba will mit uns reden.«
Sie folgten Budjirindjia und dem Medizinmann an den Rand des Dorfes und setzten sich in den Schatten eines großen Geister-Eukalyptus. Der Wind, der über sie hinwegstrich, war heiß und brachte keine Erfrischung. Fliegenschwärme umkreisten sie. Joe hatte die Beine untergeschlagen. Hin und wieder schlug er träge nach den Fliegen, die hartnäckig versuchten, in seine Augen und Nasenlöcher vorzudringen.
Eine ganze Weile blieb es still unter dem großen Baum, dann räusperte sich der alte Mann.
»Joe sagt, daß ihr das Wasser untersuchen wollt. Er sagt, daß es vielleicht vergiftet ist.«
Gregor nickte. »Ist es nicht seltsam, daß eure Hunde nicht krank geworden sind? Ist es nicht seltsam, obwohl keiner aus dem Fluß getrunken hat?« fragte er.
»Das bedeutet gar nichts«, sagte der Medizinmann. »Die große Schlange kann überall sein. Sie ist nicht nur im Fluß. Sie ist in der Erde, in den Bäumen, überall. Es gibt viele Zeichen, doch es hat keinen Sinn, mit euch über diese Zeichen zu sprechen, denn ihr könnt sie nicht verstehen.«
Sternberg schaute dem alten Mann in die Augen.
»Es gibt diese Zeichen nicht nur bei euch. Es gibt sie überall auf der Welt«, sagte er langsam. »Viele Menschen wollen diese Zeichen nicht verstehen. Sie haben noch nicht verstanden, daß die große Schlange aufgewacht ist. Aber sie werden es irgendwann verstehen müssen.«

Jambadjimba erwiderte Sternbergs Blick, und der Kommissar hatte nach einer Weile das Gefühl, als schaue der alte Mann durch ihn hindurch in die Unendlichkeit. Fast wurde ihm schwindelig. Doch dann senkte der Medizinmann seine Augen.
»Ich habe mit den Ältesten gesprochen«, sagte er leise. »Ich habe ihnen gesagt, daß ich die Menschen nicht heilen kann. Es ist eine Kraft in dieser Krankheit, die größer ist als meine Kraft.«
Der alte Mann hatte inzwischen seine Augen geschlossen. Er saß da, die Schultern leicht nach vorn gebeugt. Sternberg preßte voll Mitgefühl die Lippen aufeinander. Der Alte glich einem geschlagenen Krieger.
Budjirindjia unterbrach die Stille mit einem zornigen Ausruf.
»Deine Kraft ist groß, Jambadjimba! Es ist keine fremde Kraft, die dich schwach macht! Es ist einer dieser verdammten Tricks der Weißen. Sie haben uns immer mit ihren Tricks besiegt. Mit Gewehren, mit Gift, mit Schnaps! Wir müssen nur herausbekommen, welchen Trick sie diesmal benutzt haben!«
Joe schlug plötzlich sehr heftig nach den Fliegen.
»Budjirindjia!« sagte er laut und ärgerlich. »Ich kann es nicht aushalten, wenn du immer von ›den‹ Weißen sprichst. Ich bin auch weiß, mein Vater ist weiß und unser Freund Philip ebenfalls. Und wir wollen, daß alle wieder gesund werden. Deshalb sind wir hier. Wir benutzen keine Tricks! Wir sind eure Freunde!«
Budjirindjia warf seine langen Haare in den Nacken.
»Du weißt, wie ich das meine, Joe!« antwortete er. »Du kämpfst gemeinsam mit uns für die Landrechte. Ich meine dich nicht, wenn ich so spreche. Aber ich meine die meisten Weißen!«
Joe nahm seinen Hut ab und fächelte sich Luft zu.

»Trotzdem bin ich weiß. Und du würdest dich auch nicht gut fühlen, wenn ich alle möglichen Sachen über die Schwarzen sagen würde!«

Sternberg überlegte, wie er dem Streit zwischen den beiden Jungen ein Ende machen konnte, doch Jambadjimba kam ihm zuvor. Er öffnete seine Augen weit und starrte die beiden zornig an.

»Ihr könnt euch hinterher schlagen!« sagte er würdevoll. »Ihr könnt euch die dummen Schädel einschlagen! Jetzt aber müssen wir die Kranken heilen!«

Gregor lächelte dem Alten freundlich zu.

»So etwas Ähnliches wollte ich auch gerade sagen«, meinte er. »Aber jetzt können wir vielleicht an die Arbeit gehen. Wir müssen das Wasser untersuchen. Das Wasser in euren Tanks. Es kann sein, daß die Krankheit in einem dieser Tanks verborgen ist.«

Jambadjimba lächelte leise.

»Vielleicht«, sagte er. »Vielleicht aber auch nicht. Was müssen wir also tun, um die Krankheit zu finden?«

Sternberg atmete auf. Die Aborigines waren offensichtlich zur Zusammenarbeit bereit. Er wandte sich an den Medizinmann und Budjirindjia.

»Wir brauchen saubere Wasserflaschen. Wir müssen aus jedem Tank etwas Wasser nehmen. Dann schreiben wir auf jede Flasche, zu welchem Tank das Wasser gehört. Wir nehmen die Flaschen mit und lassen das Wasser untersuchen.«

Der Alte nickte langsam.

»Ich habe nur noch eine Frage«, fuhr Sternberg fort. »Es ist eine Frage an alle im Dorf! Vielleicht hat irgend jemand einen Fremden bei den Wassertanks gesehen. Nicht heute, nicht gestern, sondern schon vor ein paar Tagen, als der Fluß sich grün färbte und die Leute sich überlegten, ob das Wasser giftig sein könnte.«

Der Alte wiegte zweifelnd seinen Kopf hin und her. Doch Budjirindjia sah den Kommissar mit zusammengekniffenen Augen an.
»Es ist vielleicht nicht wichtig«, sagte er langsam, »und ich habe es eigentlich schon fast vergessen. Vor ungefähr einer Woche hat mich Dingo aufgeweckt. Es war die Zeit vor dem neuen Tag. Draußen war es noch schwarz, nur ein kleiner roter Streifen am Rand der Erde zeigte, daß die Sonne bald kommen würde.«
»Und was geschah dann?« fragte Joe ungeduldig.
»Eigentlich geschah gar nichts. Dingo knurrte und heulte in der Hütte. Er ließ mir keine Ruhe. Deshalb habe ich schließlich die Tür aufgemacht und bin mit ihm hinausgegangen. Ich konnte den Motor eines Wagens hören. Doch ich konnte den Wagen nicht sehen. Vielleicht war er nicht einmal in der Nähe des Dorfes gewesen. Vielleicht waren es Jäger, die nach Füchsen suchten.«
Budjirindjia senkte den Kopf und strich mit den Händen über seine nackten Füße, die vom Staub rot gefärbt waren.
»Kann es sein, daß sich irgend jemand an euer Dorf herangeschlichen hat?« fragte Sternberg und beugte sich vor. »Sind denn die Hunde nachts nicht draußen?«
»Nein«, antwortete der Aborigine, »die Hunde schlafen bei uns in den Häusern. Die Hunde sind unsere Freunde. Aber sie passen auf. Dingo hat genau gehört, daß ein fremder Wagen zum Dorf kam. Es ist schon möglich, daß jemand zu Fuß in der Nähe war.«
»Die meisten Wassertanks liegen ein wenig außerhalb des Dorfes«, meinte Gregor. Er nahm seinen Hut ab und wischte sich den Schweiß von der Stirn.
»Gut«, sagte Sternberg, »dann laßt uns die Wasserproben nehmen, ehe es zu spät ist.«

Es war bereits dunkel, als der Landcruiser sich der Farm näherte. Sternberg, Gregor und Joe schwiegen, denn der Tag war heiß und anstrengend gewesen. Gregor hatte sich entschieden, die Wasserproben in ein Umweltinstitut in Perth zu bringen. Sie hatten also den ganzen Tag im Auto verbracht und dabei mehr als 700 Kilometer zurückgelegt.

»Ich will ganz sicher sein!« hatte Gregor gesagt. »In Perth können sie alle Untersuchungen ganz genau durchführen. Und sie sind völlig unabhängig. Das Labor in unserer Kleinstadt ist nur sehr klein. Außerdem kennen sich hier alle. Ich bin mir einfach nicht sicher, ob wir hier die richtigen Ergebnisse bekommen.«

Sternberg dehnte seine Glieder. Er sehnte sich nach einer Dusche und seinem Bett. Der Landcruiser hatte jetzt den Fluß erreicht. Gregor fuhr plötzlich langsamer.

»Da vorn ist irgendwas los!« sagte er. »Ich hoffe nur, daß es keinen Unfall gegeben hat. Mein Bedarf an Ereignissen ist für heute gedeckt.«

Joe schreckte auf. Er hatte bereits auf dem Rücksitz des Wagens geschlafen.

»Was ist, Papa?« fragte er schlaftrunken.

»Weiß nicht«, antwortete Gregor. »Schau selbst. Da vorn stehen ein paar Autos, und es sieht nicht normal aus, wie sie da stehen.«

Sternberg beugte sich ebenfalls nach vorn. Mehrere Fahrzeuge standen halb auf der Straße, einige auch in der angrenzenden Weide. Es waren Lastwagen, Pickups und Geländewagen. Ihre Scheinwerfer ließen die hellen Baumstämme noch gespenstischer leuchten, und das Wasser des Flusses blitzte schwarzgrün.

Gregor hielt seinen Landcruiser bei den ersten Fahrzeugen an. Mühsam kletterten alle drei aus dem Wagen. Ihre

Glieder waren steif von der langen Fahrt. Die Besitzer der Autos waren offensichtlich alle auf der Weide unten am Fluß. Als sie sich den Männern näherten, meinte Sternberg einige der Farmer aus dem Riverside Hotel zu erkennen. Da war auch Matt, der Hüne. Er kam als erster aus der Dunkelheit auf sie zu.

»Schöne Schweinerei!« brüllte er. »Wir haben den ganzen Tag die Viecher vom Fluß weggetrieben. Aber die hier sind uns abgehauen. Hatten Durst!«

Er wies mit seinem langen Arm auf weiße und braune Hügel am Flußufer. Joe und Sternberg gingen näher heran. Es waren keine Hügel, sondern tote Schafe und Rinder. Einige Männer waren gerade dabei, die Kadaver auf Lastwagen zu hieven.

»Wem gehören die Tiere?« fragte Gregor, der inzwischen ebenfalls herangekommen war.

»Sie gehören Skip!« antwortete Matt, griff sich ein totes Schaf und warf es auf die Ladefläche des LKW, als wäre es ein Stofftier. »Skip ist nur einer von denen, die heute den ganzen Tag Hilfe brauchten. Wir sind alle betroffen!«

Matt wischte sich die riesigen Hände an den Jeans ab und stellte sich breitbeinig vor Gregor. Seine riesige Gestalt wirkte vor den Scheinwerfern des Lastwagens wie ein bedrohlicher Schatten.

»Wo warst du eigentlich den ganzen Tag?« fragte er langsam. »Wir hätten dich gut brauchen können, denn du mußt dir ja um deine Tiere keine Sorgen machen.«

Gregor stieß mit der Spitze seines Stiefels einen Stein an, schob beide Hände in seinen Gürtel und hob dann ruckartig sein Kinn.

»Wir haben uns um die Leute gekümmert!« sagte er leise.

»Um welche Leute?« fragte Matt.

»Um die Aborigines. Einige von ihnen sind verdammt krank.«

Matt sog die Nachtluft tief in seine Lungen, dann räusperte er sich.
»Sag bloß nichts zu Skip! Wenn der hört, daß du dich um die Schwarzen kümmerst, während deine Nachbarn Hilfe brauchen, dann wird er dich nie mehr anschauen. Ich wäre auch bei den anderen vorsichtig.«
Gregor trat einen Schritt zurück.
»Die Aborigines sind ebenfalls meine Nachbarn«, antwortete er ruhig. »Deine übrigens auch, Matt.«
»Es gibt verschiedene Nachbarn«, murmelte Matt, wandte sich um und verschwand zwischen den Lastern.
»He, Greg!« schrie Skip. Er schleifte ein totes Schaf heran. »Faß mal mit an!«
Gregor packte die Hinterbeine des Tieres. Gemeinsam nahmen sie Schwung und warfen das Schaf zu den anderen auf die Ladefläche. Der bullige Farmer wischte sich mit dem Unterarm über die Stirn. Grimmig starrte er auf die toten Tiere.
»Sie haben unseren Fluß zum Notstandsgebiet erklärt. Sie haben uns auch versprochen, Tankwagen mit frischem Wasser für die Tiere zu schicken. Vielleicht müssen wir nicht mal was dafür bezahlen!« er lachte kurz auf. »Weißt du, was das Komische daran ist? Ich werde es dir sagen, Greg! Was immer die da oben tun, es kommt immer zu spät. Sie hätten das alles schon viel früher tun können, nicht wahr?«
»Vielleicht«, antwortete Gregor, »vielleicht auch nicht. Du wolltest ja auch nicht glauben, daß der Fluß giftiges Wasser führt.«
»Stimmt nicht ganz!« Skip wippte auf seinen Zehenspitzen. »Mir kam die Sache schon seit einiger Zeit komisch vor. Diese grüne Färbung, und mein Hund hat schon vor einer Woche gekotzt, nachdem er aus dem Fluß getrunken hatte. Bei den Schwarzen scheint das Wasser ja auch

gewirkt zu haben. Sind ein paar krank geworden, hab ich gehört. Die saufen doch sicher aus dem Fluß.«
»Nein, sie haben ihre eigene Trinkwasserversorgung. Sie haben Regenwassertanks, genau wie wir. Außerdem weißt du das, Skip!« Gregors Stimme war noch immer ruhig.
»Woher soll ich das wissen? Ich interessiere mich nicht für die Kerle. Mir ist egal, was sie saufen.«
»Okay, es muß dich ja nicht interessieren«, sagte Gregor. »Können wir noch helfen, oder seid ihr hier durch?«
»Wir sind ziemlich durch. Bei den Rindern könnt ihr noch mit anfassen. Sie sind verdammt schwer. Wo warst du eigentlich heute? Ich hab dich dreimal angerufen!« Der Farmer schlug mit der Faust leicht gegen den LKW.
»Wir mußten dringend nach Perth. Es tut mir leid, aber es hat den ganzen Tag gedauert.«
Skip schüttelte den Kopf, doch er fragte nicht weiter.
Seltsam, dachte Sternberg. Es müßte ihn doch interessieren, warum wir nach Perth gefahren sind. Außerdem weiß er ganz sicher, daß die Aborigines ihre eigenen Wassertanks haben.
Auch Gregor schüttelte seinen Kopf, doch er wagte es nicht, Skip eine Frage zu stellen. Statt dessen ergriff er ein Seil, das Matt ihm zuwarf, und zog gemeinsam mit Joe daran. Acht Männer waren nötig, um das Rind über die Laderampe auf den LKW zu schleppen. Insgesamt waren es wohl an die 20 Rinder, die verendet am Flußufer lagen. Die Männer arbeiteten fast schweigend. Nur ein paar Anweisungen von Matt oder Skip waren hin und wieder zu hören. Nach einer halben Stunde hatten sie alle Tiere auf die Lastwagen geladen. Die Männer stiegen in ihre Geländewagen, grüßten einander und fuhren in verschiedene Richtungen davon.
Auch Sternberg, Gregor und Joe kletterten in den Land-

cruiser. Es wurde wieder dunkel über dem Land. Die Rücklichter der letzten Wagen verschwanden in der Ferne wie rote Glühwürmchen. Gregor wartete noch ein wenig, ehe er den Landcruiser startete.

»Manchmal sind sie verdammt hart«, sagte er leise. »Die meisten von ihnen sind wirklich in Ordnung. Aber wenn es um ihr Vieh geht, dann ist ihnen alles andere egal. Und sie verlangen, daß alle Menschen ähnlich denken. Keiner von denen wird verstehen, daß wir nach Perth gefahren sind, um Wasserproben untersuchen zu lassen. Und falls dieses Labor uns morgen anruft und im Wasser nichts gefunden hat, dann werden sie es noch weniger verstehen. Aborigines sind nicht so wichtig wie Vieh! Das ist hier einfach so.«

»Bereust du, daß wir gefahren sind?« fragte Sternberg.

»Nein! Ich wäre auch gefahren, wenn du nicht hiergewesen wärst. Ich habe dir das eben nur erzählt, weil ich möchte, daß du verstehst, was hier vor sich geht.«

Gregor ließ den Wagen an und fuhr langsam am Fluß entlang. Erst jetzt wurde der Wind ein wenig kühler. Joe streckte beide Arme in die Dunkelheit hinaus, um sich erfrischen zu lassen.

»In der Schule ist das genauso«, sagte er. »Meine Mitschüler sind fast alle dufte Kumpel, genau wie ihre Väter. Aber das Wichtigste sind Vieh, Autos und Football.« Joe lachte. »Ich nehm sie eben so, wie sie sind. Aber meine Freundschaft mit Budjirindjia und Wadjiri ist mir wichtiger. Das versteht keiner von denen. Sie verspotten mich sogar, wenn sie mich manchmal mit Budjirindjia in der Stadt sehen. Und ich erzähle ihnen auch fast nie etwas von den Aborigines.«

»Macht dich das nicht traurig?« fragte Sternberg und drehte sich zu Joe um.

»Manchmal schon«, antwortete der Junge. »Es ist auf bei-

den Seiten soviel Haß da. Du hast ja gehört, was Budjirindjia heute über die Weißen gesagt hat. Manchmal bin ich traurig, und manchmal werde ich wütend.«
»Und du, Gregor?« fragte Sternberg.
»Ich?« Sein Freund lachte trocken auf. »Ich bin auch traurig und wütend. Weißt du, Philip, sie könnten alle eine Menge voneinander lernen. Die Farmer von den Aborigines und die Aborigines von den Farmern. Es könnte allen bessergehen. Ich habe nur deshalb Erfolg mit meinen kleinen Bäumen und den neuen Pflanzungen, weil ich von den Leuten im Dorf gelernt habe, welche Pflanzen wichtig sind, wo sie sich wohl fühlen und welche Bäume und Sträucher zusammengehören. Wir essen inzwischen sogar häufig bushtucker, das sind Pflanzen, die im Busch wachsen. Meine Frau sammelt gern Früchte und Wurzeln in der Wildnis. Die Farmer essen fast nur Salat und Gemüse aus dem Supermarkt. Sie bauen nicht mal ihr eigenes Gemüse an, weil es ihnen zu mühsam ist.«
Inzwischen hatten sie das Tor zur Farm erreicht. Joe sprang aus dem Wagen, löste die Kette und öffnete das Gatter. Der Landcruiser rollte auf den roten Sandweg. Kurz darauf war Joe wieder bei ihnen. Gregor fuhr schnell zur Farm und parkte den Wagen in der offenen Garage, die gleichzeitig als Holzlager diente. Gregor und Joe gingen schnell ins Haus, doch der Kommissar blieb noch einige Minuten im Garten stehen. Wieder bewunderte er die riesigen Sterne, die beinahe die Erde zu berühren schienen.
Er wurde jedoch schnell in seiner Betrachtung gestört, denn Joe riß die Tür auf.
»Philip! Schnell, komm rein! Ein Anruf für dich aus Deutschland!«
Sternberg lief ins Haus. Gregor erwartete ihn bereits im Flur und hielt ihm den Telefonhörer entgegen.

»Eine Kollegin, glaube ich. Carla heißt sie!«
Sternberg preßte den Hörer ans Ohr.
»Hallo, Carla!« rief er.
»Warum schreist du denn so?« fragte sie.
»Na, weil du mindestens 20000 Kilometer weit weg bist!« antwortete er lachend.
»Das ist wirklich sehr weit«, meinte sie. »Bist du sicher, daß du wirklich in Australien bist? Die Verbindung ist nämlich so klar wie ein Ortsgespräch.«
»Ich bin ganz sicher!« sagte Sternberg. »Soeben habe ich tote Kühe auf einen Lastwagen geladen und heute morgen ein langes Gespräch mit einem Medizinmann der Aborigines geführt. Dazwischen habe ich ungefähr 700 Kilometer im Auto zurückgelegt, und ich habe das alles nicht geträumt!«
»Du bist nicht zufällig betrunken?« fragte Carla.
»Nein! Aber ich werde sicher bald ein Bier trinken. Das habe ich mir heute verdient. Erzähl mir doch lieber, wie es dir geht. Hast du den langweiligen Fall schon gelöst? Eigentlich ist es mir ganz egal, denn Australien ist so weit weg. Es ist wunderbar, so weit weg zu sein.«
»Das ist schön für dich. Aber ich bin leider hier und mittendrin. Und es ist gar nicht so langweilig, wie du denkst. Ich bin inzwischen bis in die Tiefen des Entwicklungshilfe-Ministeriums vorgedrungen. Mir scheint, da ist etwas faul. Irgendwie gibt es da einen Vertrag über den Bau einer Recyclinganlage in Indonesien. Die Gelder wurden bereits bezahlt, doch niemand weiß, warum das Werk nicht gebaut wurde. Allerdings reagieren zwei Beamte etwas nervös, wenn ich sie ständig frage.«
»Das ist immer ein gutes Zeichen!« antwortete Sternberg.
»Was?«
»Na, wenn Leute nervös werden.«
»Sag mal, was ist denn mit dir los, Philip?«

»Ach, ich habe hier schon wieder einen sehr brisanten Fall zu lösen. Er ist viel spannender als die Geschichte in Jakarta. Ich fühle mich ein bißchen wie im Wilden Westen.«
»Ich dachte, du wolltest Urlaub machen!« Carla lachte ungläubig.
»Mach ich ja auch. Eine Art Abenteuerurlaub, es wäre genau nach deinem Geschmack: wilde Landschaft, Aborigines, Dingos, Schlangen, rauhe Farmer, Sterne so groß wie Billardkugeln . . .«
»Hör auf!« rief Carla. »Ich steige sonst sofort ins nächste Flugzeug. Hier regnet und schneit es abwechselnd, die Cowboys tragen Krawatten, und Sterne habe ich seit Wochen nicht mehr gesehen.«
»Klingt nicht besonders aufregend«, stimmte Sternberg zu. »Aber jetzt mal ernsthaft, Carla. Ich habe das Gefühl, daß die Herrschaften mit den Krawatten die Gelder für die Recyclinganlage unter sich aufgeteilt haben. Dabei meine ich die Herrschaften in Deutschland und Indonesien.«
»Ja, das denke ich auch«, antwortete Carla. »Ich muß es nur noch beweisen, und das ist gar nicht so einfach.«
»In dreieinhalb Wochen werde ich dir dabei helfen«, grinste Sternberg.
»In dreieinhalb Wochen wird dieser Fall gelöst sein, mein Lieber«, antwortete Carla grimmig.

Das Warten am nächsten Morgen stellte Gregor, Joe und Sternberg auf eine harte Probe. Gemeinsam wässerten sie die jungen Bäume, doch Gregor überprüfte ein Dutzendmal sein tragbares Telefon. Später gesellten sich Budjirindjia und der Dingo zu ihnen.

Der Aborigine berichtete, daß es Wadjiri und Sarah etwas besserginge. Der Zustand des alten Onkels aber habe sich verschlechtert. Insgesamt seien inzwischen elf Leute krank geworden. Ein paar der Männer hätten in der Stadt frisches Wasser geholt, um das Dorf für eine Weile zu versorgen. Doch einen Arzt hätten sie nicht gerufen, denn Jambadjimba arbeite noch immer gegen die fremde Kraft, die seine Leute krank mache.
»Er gibt noch nicht auf, was!« sagte Gregor.
Budjirindjia lächelte leicht.
»Jambadjimba gibt nie gern auf«, antwortete er. »Er weiß wirklich sehr viel, ich lerne von ihm, denn vielleicht werde ich einmal sein Nachfolger. Aber ich würde auch gern bei einem modernen Arzt lernen. Manche Krankheiten kann Jambadjimba nicht heilen.«
Gregor faßte nach Budjirindjias Arm und drückte ihn freundschaftlich.
»Vielleicht kannst du das machen«, sagte er. »Ich bin sicher, daß sie im Krankenhaus nichts dagegen haben. Ich kenne Dr. Wilkinson gut. Wenn ich mit ihm reden soll, dann mußt du es nur sagen.«
Budjirindjias Gesicht verschloß sich wieder.
»Ich werde selbst mit ihm reden«, sagte er abweisend.
»Sei nicht immer so verdammt empfindlich!« stöhnte Joe. »Wenn ich einen Job im Krankenhaus möchte, dann laß ich auch meinen Vater mit Dr. Wilkinson sprechen. Es hat überhaupt nichts damit zu tun, daß du ein Aborigine bist!«
Budjirindjia antwortete nicht. Er streichelte den Dingo und blickte über die Baumkronen zur Bergkette der Stirling Ranges hinüber.
In diesem Augenblick begann das Telefon zu piepsen. Gregor nahm es von seinem Gürtel und schaltete auf Empfang. Alle starrten ihn gespannt an. Er nickte.

»Es ist das Labor«, flüsterte er.
»Ja!« rief er laut. »Ich höre Sie sehr gut. Wiederholen Sie das bitte noch einmal!«
Er lauschte konzentriert.
»Danke!« sagte er schließlich. »Jetzt können wir endlich etwas tun. Sie meinen, daß die Ärzte Bescheid wissen? Bitte rufen Sie doch auch im Krankenhaus von Manjimup an. Das ist sicherer. Ja, danke!«
Gregor ließ das Telefon sinken und blickte Sternberg triumphierend an.
»Du hattest recht, Herr Kommissar! Es ist wirklich ein Pflanzenschutzmittel. Irgendeine Verbindung von chlorierten Kohlenwasserstoffen. Vielleicht sogar DDT. Jedenfalls verdammt giftig. Sie haben das Zeug in zwei Wasserproben nachweisen können. Tank 3 und Tank 4! Wir hatten die Tanks ja numeriert.«
Sternberg atmete tief ein.
»Das erklärt auch, warum nicht alle Bewohner des Dorfes krank geworden sind. Wir müssen sofort deinen Dr. Wilkinson benachrichtigen. Alle Vergifteten müssen ins Krankenhaus!«
Sternberg wandte sich an Budjirindjia, der noch immer seinen Hund streichelte.
»Meinst du, daß wir die Kranken in mehreren Autos zum Krankenhaus bringen können? Ich meine, wird Jambadjimba einverstanden sein, wenn wir ihm erklären, was die Ursache der Krankheit ist?«
Budjirindjia schaute wieder zu den Stirling Ranges hinüber.
»Vielleicht«, antwortete er langsam, »aber er wird wissen wollen, woher das Gift im Wasser kommt. Eine böse Kraft kann nur besiegt werden, wenn man ihre Quelle kennt!«
Sternberg stellte sich vor den jungen Aborigine. Ihre Augen trafen sich.

»Wir werden die Quelle finden, Budjirindjia! Das verspreche ich dir, und wenn ich meinen gesamten Urlaub dafür hergeben muß!«
Budjirindjia nickte und lächelte plötzlich.
»Gut«, antwortete er. »Sie können jetzt Dingo streicheln.«
Sternberg schaute derart verwirrt, daß Gregor, Joe und der Aborigine in schallendes Gelächter ausbrachen.
»Warum?« fragte er und kam sich dumm dabei vor.
»Warum verstehen Weiße nie?« fragte Budjirindjia zurück. »Meine Freunde sind auch Dingos Freunde. Es ist ganz einfach!«
Sternberg kam sich noch dümmer vor. Langsam beugte er sich zu dem Wildhund hinunter. Bisher hatte Dingo ihn entweder nicht beachtet oder angeknurrt. Vorsichtig näherte er seine Hand dem Kopf des Hundes.
»Ich bin dein Freund, Dingo«, sagte er leise und dachte, hoffentlich hast du begriffen, was dein Herr zu dir gesagt hat.
Der Wildhund gähnte, schnupperte dann an Sternbergs Hand und drängte seinen Kopf gegen ihn. Behutsam streichelte der Kommissar das glänzende Fell. Dingo wedelte, streckte sich und ließ sich dann zufrieden in den Staub fallen. Brummend wälzte er sich auf den Rücken und streckte Sternberg seinen Bauch entgegen.
»Sehen Sie!« sagte Budjirindjia. »Dingo ist nun Ihr Freund. Er wird Sie beschützen, wie er mich beschützt.«
Sternberg rubbelte den Bauch des Hundes, wagte sogar ein wenig mit ihm zu raufen. Dingo griff mit den Vorderpfoten nach seinem Arm und kaute ganz zart auf seiner Hand herum.
»Jetzt aber los!« rief Gregor. »Ich werde das Krankenhaus anrufen, und dann fahren wir sofort zum Dorf, um die Leute abzuholen.« Er sah Budjirindjia an. »Habt ihr genügend Autos, die gerade funktionieren?«

Der Aborigine nickte. Dingo sprang auf und schüttelte sich so heftig, daß ihn eine kleine Staubwolke einhüllte.

Eine halbe Stunde später erreichten sie das Dorf der Aborigines. Inzwischen war es fast Mittag. Die Sonne stand senkrecht am Himmel. Als sie den Landcruiser verließen, empfand Sternberg die Sonnenstrahlen als schmerzhaft. Er hielt sich erst seit wenigen Tagen in Australien auf, doch schon begann er sich nach Regen und Wolken zu sehnen.

Diesmal war das Dorf plötzlich von Leben erfüllt. Aus allen Häusern kamen Menschen. Der alte Jambadjimba stand in der Mitte der schmalen Straße. Seine nackten Füße waren rot vom Staub. Sein Körper warf nur einen winzigen scharfen Schatten auf den Boden.

Budjirindjia trat einen Schritt vor. Er begann zu sprechen, doch Sternberg verstand kein einziges Wort.

»Das ist ein Aboriginedialekt«, flüsterte Joe, der dicht neben dem Kommissar stand.

Sternberg hatte seinen Hut im Wagen vergessen. Die Sonne drang in seinen Kopf ein und erzeugte ein brausendes Geräusch in seinen Ohren. Trotzdem wagte er nicht, zum Auto zurückzugehen. Er wartete auf Jambadjimbas Reaktion. Budjirindjia schien endlos zu reden. Breite Ströme von Schweiß liefen in Sternbergs Nacken. Endlich verstummte der Aborigine.

Der Medizinmann stand noch immer reglos vor ihnen. Sein weißes Haar leuchtete in der Sonne. Er sah wild und stolz aus. Plötzlich ging er auf Sternberg zu.

»Wir werden die Quelle finden!« sagte er.

»Ja, wir werden die Quelle finden!« antwortete Sternberg.

Der Medizinmann nickte und reichte dem Kommissar die Hand.
»Komm«, sagte er, »wir bringen die Kranken in die Stadt.«
Sternberg hielt die Hand des alten Mannes fest und drückte sie heftig.
Er hat wunderbare Augen, dachte er. Es ist völlig egal, wie groß seine Nase ist. Wenn jemand so schöne Augen hat, dann kann er sich auch eine große Nase leisten.
Als Jambadjimba seine Hand wieder freigab, ging der Kommissar zum Wagen zurück und griff nach seinem Hut.
Noch zwei Minuten länger, dachte er, und ich hätte einen Sonnenstich gehabt.
Erleichtert stülpte er sich den ledernen Farmerhut über.
Danach ging alles sehr schnell. Die Dorfbewohner halfen, die Kranken zu den Autos zu tragen. Wadjiri und Sarah konnten selbst gehen, doch sie mußten sich auf Freunde stützen. Außer dem Landcruiser waren noch vier Autos nötig, um alle bequem unterzubringen.
»Wie lange müssen wir fahren, um das Krankenhaus zu erreichen?« fragte Sternberg, als sich der kleine Konvoi in Bewegung setzte.
»Ungefähr eine Stunde«, antwortete Gregor. »Sie erwarten uns schon und haben alles vorbereitet.«
Obwohl die Wagenkolonne sehr langsam fuhr, wirbelte sie eine rote Staubwolke auf. Die Geister-Eukalyptus sahen im grellen Sonnenlicht besonders weiß aus.
Knochenbäume, dachte Sternberg, und er schüttelte sich ein wenig.
Sarah und Wadjiri ruhten neben Joe auf den Rücksitzen.
Der alte Onkel lag, gestützt von Budjirindjia, im breiten Kofferraum des Landcruisers. Gregor fuhr sorgsam. Als sie endlich die geteerte Hauptstraße erreichten, beschleunigte er nur ganz wenig.

»Da hinten brennt es«, sagte Gregor ruhig und wies nach rechts.
Sie befanden sich auf einer kleinen Anhöhe und konnten weit über die Eukalyptuswälder schauen. Am Horizont stiegen grauschwarze Wolkentürme auf, die den blauen Himmel verdunkelten.
»Ist das eins von euren ›normalen‹ Buschfeuern?« fragte Sternberg.
»Na ja«, knurrte Gregor und warf einen zweiten Blick auf die Rauchfahnen. »Sieht aus wie ein ziemlich großes Feuer. Es ist sicher ein paar Kilometer lang und breit.«
»Kann das bis hierher kommen?«
»Unwahrscheinlich, aber nicht ausgeschlossen«, meinte Gregor. »Es ist verdammt trocken in diesem Jahr. Oh, da vorn sind ja unsere Freunde. Sie werden mich sicher schon wieder bei der Nachbarschaftshilfe vermißt haben. Hoffentlich ist Skip nicht dabei, sonst habe ich heute schlechte Karten!« Gregor lächelte grimmig.
Wieder parkten mehrere Fahrzeuge am Straßenrand. Diesmal waren die Farmer dabei, einen Zaun zu ziehen. Offensichtlich wollten sie ihre Tiere daran hindern, erneut aus dem Fluß zu trinken.
Matt sprang auf die Straße und winkte Gregor zu. Der Landcruiser hielt an und mit ihm alle anderen Autos.
»Ihr seid reichlich spät dran, aber immerhin!« rief Matt, als Gregor sich aus dem Fenster beugte. Doch plötzlich nahm sein Gesicht einen verblüfften Ausdruck an.
»He! Sag mir nicht, daß die Blackfellers alle mithelfen wollen. Das wird Skip gar nicht gefallen!«
»Was Skip gefällt oder nicht gefällt, ist mir scheißegal!« antwortete Gregor scharf. »Und ich habe auch die Schnauze voll, daß du immer Skip vorschiebst, wenn dir etwas nicht gefällt. Diese Leute hier sind verdammt krank, und wir sind auf dem Weg ins Krankenhaus. Du

kannst Skip einen schönen Gruß sagen, und ich wünsche ihm viel Glück mit seinem Zaun. Hoffentlich ist er stabil genug, um ein Buschfeuer auszuhalten!«
Gregor gab Gas, und er ließ Matt einfach stehen. Der große Farmer schob seinen Hut in den Nacken und starrte kopfschüttelnd dem Wagenkonvoi nach. Sternberg wiederum betrachtete neugierig seinen Freund.
»Das war ein klares Wort«, sagte er. »Machst du so was öfters?«
»Mann, Papa!« flüsterte Joe, um Wadjiri und Sarah nicht zu erschrecken. »So hab ich dich noch nie erlebt!«
»Ach, ist doch wahr!« brummte Gregor. »Dauernd soll man auf die zarten rassistischen Seelen der Nachbarn Rücksicht nehmen und nur ja kein falsches Wort sagen, damit auch alle gute Freunde bleiben. Mir reicht es! Dann sollen sie eben nicht mehr meine Freunde sein, wenn ihnen das nicht gefällt. Ich habe keine Lust mehr, mich dauernd zu verstellen und meinen Ärger runterzuschlucken, wenn sie wieder blödes Zeug reden!«
Sternberg legte die Hand auf den Arm seines Freundes.
»Mir hat das gut gefallen«, sagte er grinsend, »und wenn deine Nachbarn wirklich ganz in Ordnung sind, wie du immer sagst, dann wird es ihnen auch gefallen.«
Gregor lächelte ebenfalls.
»Das werden wir bald feststellen«, murmelte er.
Sternberg wandte sich zu Budjirindjia um. Der junge Aborigine saß aufrecht im Laderaum. Den Kopf des Alten hatte er auf seine Knie gebettet, doch er lachte lautlos. Sternberg lachte zurück, und dann begann auch Joe zu kichern. Nach einer Weile stimmte auch Gregor ein, und selbst Wadjiri und Sarah lächelten, obwohl ihre Gesichter fahl und eingefallen aussahen.
»Jetzt geht es mir besser!« rief Gregor und drückte auf das Gaspedal.

Sternberg beobachtete die schwarze Wand aus Rauch hinter den Baumkronen. Er hatte das unangenehme Gefühl, als nähere sie sich immer schneller. Vor ihnen aber lag das unendlich weite Land. Das breite Band des Blackwood River leuchtete grünsilbern aus der Ferne. Ganz am Horizont schien das Meer zu liegen.
Manchmal, dachte Sternberg, manchmal fühle ich mich in diesem Land wie ein Adler. Es liegt wahrscheinlich daran, daß man immer so unendlich weit sehen kann. Vielleicht muß man hier nur Anlauf nehmen, um wegzufliegen!
Kurz darauf raste eine Kolonne von Feuerwehrautos an ihnen vorüber.
»Es wird also ernst mit dem Feuer«, sagte Gregor.
»Und deine Farm?« fragte Sternberg.
»Das Feuer breitet sich auf der anderer Seite des Blackwood River aus. Wir liegen deshalb in einem ziemlich sicheren Gebiet. Es wird Matt, Skip und einige der anderen Farmer treffen, wenn sich der Brand wirklich ausbreiten sollte.«
»Und das Dorf der Aborigines?«
»Ist auch nicht in unmittelbarer Gefahr. Außerdem wissen die Leute, was man gegen ein Buschfeuer machen kann. Meistens sind sie dabei erfolgreicher als die Feuerwehr!« Gregor lachte.
»Und wie machen sie das?« fragte Sternberg.
»Weiß der Teufel!« antwortete Gregor. »Es ist eine Mischung aus Beschwörung und einer Art Gegenfeuer, das sie anzünden. Wenn zwei Brände aufeinandertreffen, dann ersticken sie sich gegenseitig – meistens jedenfalls.«
Kurz darauf erreichten sie die ersten Häuser der kleinen Stadt Manjimup. Die Straße lag wie ausgestorben vor ihnen, denn es war die heißeste Zeit des Tages, und die Geschäfte hatten bereits geschlossen. Nur vor einem kleinen Kaffeehaus saßen zwei, drei Männer im Schatten des Vor-

daches. Sie streckten die Beine weit von sich und schienen zu schlafen.
Gregor bog von der Hauptstraße ab und folgte dem Wegweiser zum Krankenhaus. Endlich lag die Einfahrt vor ihnen, eingerahmt von zwei riesigen Eukalyptusbäumen, die flammendrote Blüten trugen. Das Krankenhaus bestand aus drei flachen Gebäuden, die miteinander verbunden waren. Ein großes Schild zeigte den Weg zur Notaufnahme: Emergency stand darauf.
Als die Wagen anhielten, liefen Schwestern, Pfleger und Ärzte herbei. In wenigen Minuten wurden alle Kranken auf fahrbare Tragen gebettet und in den Untersuchungsraum gebracht. Dr. Wilkinson war ein kleiner, schlanker Mann mit Hornbrille. Er schien überall gleichzeitig zu sein, ordnete Infusionen an, kontrollierte Puls und Blutdruck, machte ein besorgtes Gesicht, als er sich über den alten Onkel beugte.
»Er ist bewußtlos«, murmelte der Arzt. »Das ist kein gutes Zeichen. Warum, verdammt noch mal, seid ihr so spät gekommen?«
»Es ging nicht anders«, antwortete Gregor. »Du kennst doch unsere Freunde. Sie mußten erst sicher sein, daß der Medizinmann nichts erreichen kann. Und wir mußten erst die Ursache der Vergiftung herausfinden.«
»Jaja«, seufzte der Arzt, »ich verstehe schon. Es ist aber möglich, daß wir den Alten nicht mehr retten können. Die anderen bringen wir sicher durch. Ihr könnt jetzt nach Hause fahren. Ich habe gehört, daß ein Buschfeuer auf uns zukommt! Kümmert euch lieber um die Farmen und das Dorf. Wir sorgen für die Kranken!«
Budjirindjia strich Wadjiri und Sarah über die Stirn, und Joe drückte den beiden die Hände. Danach gingen sie von Bett zu Bett, streichelten und trösteten die Kranken.
Dr. Wilkinson beobachtete Budjirindjia.

»Wer ist das?« fragte er Gregor.
»Das ist Budjirindjia. Er ist der junge Mann, den ich dir als Assistenten empfehlen wollte.«
Wilkinson nickte, während er eine neue Infusion vorbereitete.
»Er soll sich bei mir melden!« sagte er.
»Du darfst aber nicht verraten, daß du schon etwas weißt!« sagte Gregor. »Budjirindjia ist sehr stolz. Er will auf keinen Fall genommen werden, weil ich ihn dir empfohlen habe!«
»Auch in Ordnung«, murmelte der Arzt und schloß eine Kanüle am Arm des alten Onkels an.
Sternberg drehte sich um und schloß kurz die Augen. Beinahe wäre ihm übel geworden.

Zwar fuhren ihre Wagen noch immer in einer Art Konvoi, doch Gregor, Sternberg und Joe hatten sich bereits vor dem Krankenhaus von den Aborigines verabschiedet. Nur Budjirindjia war noch immer bei ihnen. Sternberg hatte den jungen Aborigine gebeten zu bleiben.
»Jetzt beginnt der zweite Teil unserer Arbeit«, sagte er, als der Landcruiser die Stadt verließ und nun der schwarzen Wand aus Rauch entgegenfuhr.
»Ja«, antwortete Budjirindjia.
»Wovon redet ihr eigentlich?« fragte Joe.
»Wir sprechen vom zweiten Teil unserer gemeinsamen Arbeit«, wiederholte Sternberg. »Es ist ein sehr wichtiger Teil, denn wir müssen jetzt herausfinden, wer das Wasser in den beiden Tanks vergiftet hat.«
»Und wie?« fragte Joe.

»Na ja«, meinte Sternberg, »das ist eigentlich normale Polizeiarbeit. Man versucht herauszufinden, wer als Täter in Frage kommt. Das beginnt mit den unmittelbaren Nachbarn und Verwandten und endet bei irgendwelchen Feinden von außen. Und deshalb werde ich jetzt Budjirindjia bitten, ganz genau nachzudenken. Erste Frage: Hatten die beiden Familien, deren Wassertanks betroffen sind, Feinde im Dorf?«
Budjirindjia saß im Schneidersitz neben Joe. Er stützte das Kinn auf eine Hand und starrte lange vor sich hin.
»Nein, ich bin sicher, daß sie keine Feinde im Dorf hatten«, antwortete er schließlich. »Manchmal gibt es zwar Streit zwischen ein paar Leuten, doch das war nie etwas Ernstes. Ich weiß auch nichts von einer Feindschaft zwischen diesen Leuten und anderen Aborigines.«
Durch die offenen Fenster des Landcruisers drang leichter Brandgeruch zu ihnen herein. Budjirindjia sog die Luft tief ein.
»Erst der Fluß, jetzt das Feuer!« sagte er. »Die große Schlange muß sehr wütend sein!«
»Sieht so aus«, murmelte Gregor.
»Budjirindjia!« Sternberg wandte sich zu dem Aborigine um. »Du hast doch vor ein paar Tagen diesen Wagen gehört, der ganz früh am Morgen von eurem Dorf wegfuhr. Kannst du dich an das Motorengeräusch erinnern? War das ein Truck, ein Landcruiser oder ein normaler Wagen?«
Budjirindjia zuckte die Achseln.
»Genau kann ich es nicht sagen, aber ich denke, es war eher ein Landcruiser. Ich habe mir sogar die Spuren angesehen. Sie sahen aus wie die Reifenabdrücke eines Geländewagens. Der Wagen stand ungefähr 100 Meter vom Dorf hinter den großen Geister-Eukalyptusbäumen.«
»Welche Wassertanks liegen in dieser Gegend?« fragte

Sternberg und zog gleichzeitig ein zusammengefaltetes Papier aus seiner Hosentasche. Es war ein handgezeichneter Plan des Aboriginedorfes. Alle Wassertanks hatte Sternberg sorgfältig numeriert.

»Ich brauche den Plan nicht«, sagte Budjirindjia. »Es sind die beiden Wassertanks, die vergiftet wurden.«

»Könnte es also sein, daß sich jemand an das Dorf herangeschlichen hat, um das Wasser zu vergiften?« fragte Sternberg weiter.

»Könnte schon sein«, antwortete der Aborigine. »Es gibt ein Menge Leute, die etwas gegen uns haben. Seitdem wir um Landrechte kämpfen, werden es immer mehr. Vor allem die Farmer auf der anderen Seite des Flusses haben Angst, daß sie Land verlieren könnten. Dabei ist das Quatsch. Kein einziger aus unserem Dorf ist ein Nachfahre der Menschen, die einmal hier gelebt haben. Wir stammen fast alle aus dem Norden von Westaustralien. Die Aborigines, die einmal hier im Süden gelebt haben, sind alle tot. Wir sind hier, weil einige von uns hier Arbeit gefunden haben. Dann haben sie ihre Familien geholt, sie haben die Arbeit wieder verloren und sind trotzdem geblieben. Heute leben fast alle im Dorf von Sozialhilfe. Nur hin und wieder gibt es Jobs bei den Farmern oder in der Stadt.«

Sternberg nickte und faltete seinen Plan wieder zusammen.

»Habt ihr mit einem der Farmer besonderen Ärger?« fragte er und betrachtete gleichzeitig besorgt die schwarzen Rauchwolken, die allmählich die Sonne verdunkelten.

»Ach«, sagte Budjirindjia, »wir haben immer wieder Ärger mit den Farmern. Matt ist zum Beispiel wütend, weil wir manchmal auf seinem Gebiet jagen. Skip ist wütend, weil wir bei ihm fischen und jagen. Jambadjimba hat Skip

außerdem erklärt, daß die Erde niemandem gehört und daß Zäune gegen die Gesetze der Ahnen verstoßen. Skip hat fürchterlich geflucht, und dann hat Jambadjimba ihm gedroht, daß die Regenbogenschlange Unheil über ihn bringen wird, wenn er uns nicht jagen und fischen läßt. Aber diese Schwierigkeiten haben wir eigentlich mit fast allen Farmern – außer mit Gregor.«
Sternberg strich lange über seinen Schnurrbart.
»Mir ist etwas aufgefallen«, sagte er nach einer Weile. »Skip hat offensichtlich als einer der ersten die Sache mit dem giftigen Flußwasser ernst genommen. Aber er hat es trotzdem riskiert, daß einige seiner Tiere das Wasser trinken. Und er hat heute nachmittag gesagt, daß die Aborigines auch Flußwasser trinken, obwohl er eigentlich wissen müßte, daß es im Dorf ganz normale Trinkwassertanks gibt. Ich weiß nicht, ob es etwas bedeutet – es ist mir nur aufgefallen.«
Budjirindjia drehte eine seiner langen Locken um einen Finger.
»Mit Skip ist das anders«, antwortete er. »Skip haßt uns. Er hat sicher aus Haß gesagt, daß wir Flußwasser trinken. Er sagt auch, daß wir Ungeziefer fressen und Krankheiten verbreiten. Skip hat bei der Stadtverwaltung und sogar beim Gouverneur schon viele Anträge gestellt, um uns zu vertreiben. Er sagt, daß unser Dorf so stinkt, daß sein Vieh davon krank wird.«
Gregor räusperte sich.
»Das ist alles richtig, Budjirindjia, aber es reicht noch lange nicht aus, um Skip ernsthaft zu verdächtigen. Wenn einer auf die Aborigines schimpft, dann ist er noch lange kein Brunnenvergifter.«
»Nein«, stimmte Sternberg zu, »aber er könnte einer sein. Übrigens, Gregor, es wäre gut, wenn wir nochmal bei den Männern vorbeifahren würden, die vorhin den Zaun ge-

baut haben. Ich würde dem Brunnenvergifter ganz gern eine Falle stellen.«
»Wie denn?« fragte Joe.
»Das kann ich noch nicht genau sagen«, antwortete Sternberg. »Ich habe nur so eine ungefähre Idee.«
Kurz darauf erreichten sie den neuerrichteten Zaun, doch die Männer waren verschwunden. Sie hielten an und schauten erneut zu den Rauchschwaden hinüber. Noch immer war der Buschbrand mehrere Kilometer weit entfernt. Allmählich schien er seine Kraft zu verlieren. Das Schwarz der Rauchwolken hatte sich in ein sanfteres Grau gewandelt.
Gregor fuhr langsam weiter und bog schließlich von der Hauptstraße auf den Feldweg zu Skips Farm ab. Kurz darauf kam ihnen der offenen Lieferwagen von Matt entgegen. Gregor hupte und bremste. Auch Matt hielt seinen Wagen an.
»He, Matt!« rief Gregor. »Wo ist Skip?«
»Er ist zum Feuer rübergefahren. Will nachsehen, ob es weiterbrennt. Wenn der Wind nicht dreht, dann kann es in zwei Stunden genau hier sein!«
»Sehen Sie ihn heute noch?« fragte Sternberg.
»Ziemlich sicher! Skip wird uns Bescheid sagen, was los ist mit dem Feuer!«
»Können Sie ihm was von mir ausrichten?« Sternberg mußte brüllen, denn der Motorenlärm übertönte seine Stimme.
»Klar!« schrie Matt zurück.
»Sagen Sie ihm: Es war nicht das giftige Wasser aus dem Fluß, das die Aborigines krank gemacht hat! Es war ein Pflanzenschutzmittel im Trinkwasser. Und sagen Sie ihm, daß irgendwer das Zeug in die Tanks geschüttet hat. Daß es ein Mordanschlag war!«
Matt starrte aus seinem offenen Seitenfenster.

»Glauben Sie, daß Skip so etwas interessiert, wenn eine Feuerwalze auf seine Farm zurollt?«
»Ich denke schon, daß es ihn interessiert. Sie sollten auf gar keinen Fall vergessen, es ihm auszurichten!«
Matt schüttelte den Kopf und fuhr weiter, während Gregor den Landcruiser wendete.
»Kannst du mir erklären, was du vorhast?« fragte Joe. »Ich meine, was soll denn passieren, wenn Skip erfährt, daß Gift in den Tanks ist?«
»Ich weiß nicht genau«, antwortete Sternberg. »Aber ich könnte mir vorstellen, daß er irgendwas tun wird. Vielleicht reagiert ja auch ein ganz anderer. Ich habe keine Ahnung. Es ist ein Versuch. Ich werde jedenfalls heute nacht aufbleiben und warten. Es könnte sein, daß wir Besuch bekommen.«
»Ich werde bei Ihnen bleiben«, sagte Budjirindjia.
Gregor schlug mit einer Hand auf das Steuerrad.
»Ich denke, daß heute nacht keiner von uns schlafen wird, was, Joe?«
Joe nickte heftig.

Der Wind drehte kurz vor Sonnenuntergang. Gregor stand vor dem Farmhaus.
»Jetzt wird das Feuer endgültig aufgehalten«, sagte er. »Die Gefahr für unser Gebiet ist damit vorüber.«
Sternberg stellte sich neben seinen Freund. Der Himmel im Westen hatte sich grellrot verfärbt, schien in Flammen zu stehen.
»Es sieht aus, als würde ganz Australien brennen«, sagte Sternberg. »Bist du sicher, daß der Brand nicht ganz nahe ist?«

»Ganz sicher«, antwortete Gregor. »Die Sonnenuntergänge in diesem Land haben immer etwas Gewalttätiges, Brennendes. Bist du übrigens sicher, daß Skip oder einer der Farmer die Wassertanks vergiftet hat?«
»Nein«, grinste Sternberg, »ich bin mir überhaupt nicht sicher. Es ist wirklich nur ein Versuch, und ich verlasse mich dabei ganz einfach auf mein Gefühl und auf ein paar Hinweise.«
»Gut«, antwortete Gregor, »dann werden wir uns diese Nacht um die Ohren schlagen. Budjirindjias Dingo wird uns sofort melden, wenn wir unerwarteten Besuch bekommen.«
Sie kehrten ins Haus zurück und kochten gemeinsam Spaghetti mit Tomatensauce. Nach dem Essen tranken sie schwarzen Kaffee mit Eisstückchen und viel Zucker. Joe, Budjirindjia und Gregor würfelten. Sternberg aber zog sich in sein Gästehaus zurück und setzte sich ans Fenster. Inzwischen war es ganz dunkel geworden. Der Kommissar knipste das Licht aus und schaute in die Nacht hinaus. Von seinem Platz aus konnte er die Wassertanks des Farmhauses genau beobachten. Die Leuchtziffern seiner Armbanduhr zeigten zehn Uhr an.
Es ist noch zu früh, dachte er. Vielleicht sollte ich mit den anderen um die Wette würfeln. Falls tatsächlich einer kommt, dann wird er warten, bis alle zu Bett gegangen sind. Ich habe mit Gregor ausgemacht, daß wir alle Lichter um elf Uhr ausmachen, damit es ganz normal aussieht.
Sternberg lehnte sich bequem zurück. Plötzlich fühlte er sich sehr müde. Die Hitze des Tages hing noch in dem kleinen Haus, und durch das Fliegengitter am Fenster kam nur ein winziger frischer Lufthauch. Der Kommissar schloß für ein paar Minuten seine Augen. Nachtvögel stimmten draußen ein seltsames Lied an. Von einem

der halbausgetrockneten Teiche klang das hupende Quaken eines Frosches herüber.
Seltsam, dachte Sternberg, ich habe mich wirklich noch nie so weit weg von all dem gefühlt, was mir vertraut ist. So müssen sich auch die Strafgefangenen gefühlt haben, die vor 200 Jahren hierhergebracht wurden. Australien muß für sie so etwas wie ein anderer Stern gewesen sein. Eine Strafkolonie auf einem fremden Planeten. Science fiction. Und die Aborigines waren die unheimlichen Bewohner dieses fremden Sterns. Schwarze Wesen mit riesigen Haarschöpfen und gewaltigen Nasen.
Ein Geräusch schreckte den Kommissar aus seinen Gedanken auf. Er beugte sich zum Fliegengitter und schaute zu den Wassertanks und zur Farm hinüber. Ein Vogel schrie und flog mit knatterndem Flügelschlag auf.
Sternberg lehnte sich wieder zurück. Doch da war noch ein anderes Geräusch, kaum hörbar. Die Vögel hatten inzwischen aufgehört zu singen, und auch der Frosch machte eine Pause. In der Stille der Nacht konnte Sternberg ein leises Knirschen hören. Wieder beugte er sich nach vorn. Da war ein Schatten in der Nähe der Wassertanks. Irgend etwas schlich dort umher.
Sternberg erhob sich lautlos und ging zur Tür. Behutsam drückte er die Klinke herab und schlüpfte durch einen Spalt hinaus. Im Schatten des Gästehauses verharrte er.
Da war wieder ein Knirschen und Knistern. Leise Schritte auf Sand und trockenem Gras.
Der Kommissar bewegte sich unendlich langsam auf die Wassertanks zu. Er nutzte den Schatten einiger Büsche und Bäume auf seinem Weg. Jetzt konnte er ganz deutlich den Umriß eines Mannes zwischen den Wassertanks erkennen. Der Unbekannte war dabei, auf eine der Leitern zu steigen, die zu den Tanks hinaufführten. Plötzlich wandte er sich um, horchte in Sternbergs Richtung.

Der Kommissar blieb stehen und hielt den Atem an. Doch der Mann schien beunruhigt zu sein. Schnell glitt er wieder von der Leiter herunter, lauschte erneut und verschwand dann zwischen den Bäumen hinter den Tanks.
Sternberg verließ sein Versteck und lief auf die Bäume zu. Hier begann der Pfad, der zum Fluß hinunterführte. Keuchend blieb Sternberg einen Augenblick lang stehen. Jetzt konnte er deutlich schnelle Schritte hören. Der Mann rannte ganz offensichtlich zum Fluß.
Einen Augenblick lang dachte Sternberg daran, seine Freunde zu alarmieren, doch dann lief er weiter. Als er den lichten Eukalyptuswald erreichte, konnte er vor sich die dunkle Gestalt rennen sehen. Der Mond war inzwischen aufgegangen und beleuchtete das Land wie ein riesiger bleicher Scheinwerfer. Die Bäume warfen bizarre schwarze Schatten auf den hellen Boden.
Plötzlich war die Gestalt verschwunden. Der Wald wurde dichter und unübersichtlicher. Die Farm lag bereits weit hinter Sternberg.
Ich hoffe nur, dachte der Kommissar, daß Dingo aufgepaßt hat und den anderen meldet, daß etwas nicht in Ordnung ist. Ich hoffe, daß der Hund unsere Spur findet.
Sternberg duckte sich in den schwarzen Schatten eines großen Baumes und horchte wieder. Zunächst schien es ganz still zu sein, aber dann begann dieses unheimliche Knistern. Es knisterte überall, als kämen Millionen von Ameisen und Schlangen auf ihn zu. All die trockenen Blätter und Gräser schienen plötzlich lebendig zu werden. Das Knistern schwoll an, rote und gelbe Lichter schossen aus der Dunkelheit hervor, schlossen sich in einem Halbkreis um Sternberg, wuchsen unheimlich schnell zu einer Wand aus Flammen.
Er hat den Busch angezündet, dachte Sternberg entsetzt.
Ein einziger Fluchtweg blieb ihm noch offen, denn die

Flammen bewegten sich unheimlich schnell auf ihn zu. Sternberg begann zu laufen. Er hatte keine Ahnung, welche Richtung er einschlug, rannte einfach querfeldein in die Dunkelheit. Dornen zerkratzten seine Arme, sein Gesicht. Er stolperte und stürzte zweimal über Wurzeln. Immer näher kamen die Flammen. Links neben ihm tauchte ein Schatten auf. Da lief noch einer. Sternberg änderte seine Richtung, verfolgte den anderen, holte ihn ein und warf ihn zu Boden. Doch der andere war kräftig, schlug wild um sich, befreite sich wieder und rannte weiter.

Sternberg rappelte sich auf und sprang ein zweites Mal auf den Flüchtenden. Diesmal umfaßte er seine Beine, und beide stürzten schwer. Der Kommissar fühlte zwei Hände an seinem Hals. Er stieß den Unbekannten zurück und schlug mit aller Kraft zu. Der Mann fiel nach hinten und stöhnte auf. Einen kurzen Augenblick lang beleuchteten die zuckenden Flammen sein Gesicht. Es war Skip!

Sternberg blickte kurz über seine Schulter. Die Feuerwalze war dicht hinter ihnen.

»Komm!« schrie er den Farmer an. »Wir müssen hier weg!«

Skip aber war von Sternbergs Schlag halb ohnmächtig geworden. Da lud sich der Kommissar den schweren Mann auf den Rücken und schwankte weiter durch den Busch. Auf der rechten Seite hatte das Feuer die beiden Männer bereits überholt. Sternberg hustete, denn dichter Qualm hüllte ihn ein. Der Wind wehte genau in seine Richtung, trieb Feuer und Rauch auf ihn zu. Einen Augenblick hielt er inne und wurde sich bewußt, daß er mit dem schweren Skip auf seinem Rücken keine Chance hatte. Trotzdem stolperte er weiter, halb blind vom beißenden Rauch in seinen Augen.

Da war plötzlich eine andere Bewegung vor ihm. Etwas drängte sich gegen ihn, stieß einen heiseren Laut aus.

Sternberg stolperte erneut, hielt sich mühsam aufrecht und starrte nach unten. Ein Hund sprang an ihm hoch, ein gelber Hund.
Dingo! dachte Sternberg. Er hat mich gefunden!
Er nahm verschwommen eine zweite Bewegung wahr. Dann tauchte Budjirindjias wildes Gesicht vor ihm auf.
»Lauf weiter, Philip!« keuchte der Aborigine. »In diese Richtung!«
Budjirindjia stieß Sternberg an. Der Kommissar schleppte sich weiter, kaum noch fähig zu denken. Nach ein paar Minuten jedoch hielt er inne und schaute sich nach Budjirindjia um. Ein seltsamer Anblick bot sich seinen Augen. Der Aborigine schien vor der Feuerwand zu tanzen. er sprang hierhin und dorthin.
Wie Rumpelstilzchen, dachte Sternberg, und er fürchtete, ohnmächtig zu werden.
Sein ganzer Körper schmerzte. Plötzlich wußte er, daß er nicht weiterkonnte. Nicht mit Skip auf seinem Rücken. Er ließ die unendlich schwere Last auf den Boden gleiten.
»Tut mir leid«, flüsterte er.
Sein Blick wanderte wieder zu Budjirindjia.
Ich muß wenigstens den Jungen retten, dachte er und machte einen Schritt zurück.
Dann erkannte er plötzlich, was der Aborigine tat. Budjirindjia zündete ein Feuer an.
»Was machst du denn da!« schrie Sternberg. »Willst du uns alle umbringen?«
Im nächsten Augenblick war der Junge bei ihm und packte ihn an der Schulter.
»Schnell!« rief Budjirindjia. »Wir müssen Skip wegbringen!«
Sie faßten den Farmer an den Armen und schleiften ihn hinter sich her. Dingo umkreiste sie hechelnd. Nach einigen Minuten ließ der Aborigine Skip fallen.

»Es reicht«, sagte er und setzte sich auf den Boden.
Sternberg wandte sich langsam um. Hinter ihnen loderten die Flammen wild und hoch. Jetzt erst sah er, daß zwei Flammenwände gegeneinander zu kämpfen schienen. Sie bäumten sich gegeneinander auf, schienen zu brüllen. Der Kampf währte minutenlang, die Gegner schienen gleich stark zu sein. Plötzlich aber sank das Feuer in sich zusammen, flammte noch einmal kurz auf, Funken stoben. Dann knisterte es nur noch leise, glich einem gemütlichen Kaminfeuer, und endlich glühten nur noch einige Stämme in der Dunkelheit.
Sternberg starrte auf das sterbende Feuer. Auch Skip hatte sich inzwischen halb aufgerichtet und murmelte unverständliche Worte.
»Wie hast du das gemacht?« flüsterte Sternberg. »Kannst du hexen, oder was?«
Budjirindjia saß aufrecht neben ihm und schaute ruhig auf die glühenden Reste des Feuers. Seine blonden Haare leuchteten seltsam im Halbdunkel. Er sah Sternberg nicht an, als er schließlich antwortete.
»Es ist das Wissen und die Kraft. Ich habe sie von Jambadjimba bekommen. Es ist die Kraft unseres Volkes.«
Sternberg antwortete nicht. Er betrachtete voll Bewunderung die würdevolle Gestalt des jungen Aborigine.
»Danke«, sagte er dann leise. »Ich danke dir und der Weisheit deines Volkes.«
»Bullshit!« murmelte Skip.
»Du hältst die Klappe!« Sternberg fuhr zornig auf und hob drohend die Faust. Skip zog den Kopf ein.
Kurz darauf stießen Gregor und Joe zu ihnen. Gemeinsam brachten sie Skip zur Farm zurück. Gregor verständigte sofort die Polizei. Während Dingo den Farmer bewachte, zog Gregor seinen Freund vor das Haus.
»Schau mal, was ich unter unseren Wassertanks gefunden

habe!« sagte er triumphierend und hielt einen großen Beutel hoch.
»Was ist das?« fragte Sternberg, der noch immer vom Rauch ganz benommen war.
»Das ist ein Beutel mit Pflanzenschutzmittel. Es hätte gereicht, um uns alle umzubringen. Ich kenne mich mit dem Zeug aus!«
»Skip muß ziemlich blöd sein«, murmelte Sternberg. »Man kann doch nicht zweimal mit den gleichen Mitteln arbeiten. Er war offensichtlich der Meinung, daß nur wir etwas von dem Anschlag auf die Aborigines wissen.«
Eine halbe Stunde später traf ein Polizeiwagen aus Manjimup ein. Sternberg, Gregor, Joe und Budjirindjia machten ihre Aussagen. Die Polizeibeamten zogen zwar skeptische Gesichter, doch sie nahmen Skip mit. Es fiel ihnen offensichtlich nicht leicht, einen Mann zu verhaften, den sie gut kannten.
Gregor übergab den Polizisten auch den Sack mit dem Pflanzenschutzmittel. Allerdings ließ er sich eine Empfangsbestätigung unterschreiben und behielt ein wenig von dem Pulver zurück.
»Man kann nie wissen«, lächelte er. »Beweisstücke gehen manchmal verloren.«
Die Polizisten runzelten zwar die Stirn, doch sie konnten nichts gegen Gregors Vorsichtsmaßnahmen tun. Als das Polizeiauto die Farm endlich verließ, war es bereits drei Uhr morgens.
»Du solltest duschen«, grinste Gregor und stieß Sternberg an. »Wo hast du dich nur so schmutzig gemacht?«
Sternberg schaute in den Spiegel, der an der Wand der Wohnküche hing. Er war beinahe so schwarz wie Budjirindjia.

Am nächsten Tag nahm auch die Polizei Wasserproben aus den Tanks der Aborigines. Die Beamten verhörten Budjirindjia, Jambadjimba, Matt und viele andere. Das Pflanzenschutzmittel im Wasser der Aborigines stimmte mit dem überein, das Gregor gefunden hatte. Die Polizei besuchte auch das Krankenhaus und sprach mit Dr. Wilkinson. Auf Skips Farm fanden die Beamten einen Sack mit dem giftigen Pestizid. Am Nachmittag gestand der Farmer seine Tat. Er gab an, aus Haß auf die Aborigines gehandelt zu haben. Er wollte sein Gebiet von den Schwarzen befreien. Allerdings behauptete er, daß er niemanden töten wollte. Er habe nur gehofft, daß die Aborigines den Ort verlassen würden, weil dort eine böse Kraft herrsche. Den Anschlag auf Gregors Farm konnte er nicht so gut erklären. Er wollte Gregor einen Denkzettel verpassen, behauptete er. Man brauche in dieser Gegend keine Freunde der Schwarzen. Das Feuer habe er nur entfacht, um zu entkommen. Es sei kein Mordversuch an dem deutschen Kommissar gewesen. Allerdings sei der Kommissar an allem schuld. Ohne ihn wäre vermutlich niemand auf den Gedanken gekommen, das Wasser der Aborigines zu untersuchen.
»Ein interessanter Fall«, meinte Philip Sternberg und trank genüßlich ein kaltes Bier, während Gregor ihm diese Neuigkeiten erzählte. »Ich habe bisher noch nie erlebt, daß jemand eine Umweltkatastrophe dazu benutzt, um in aller Ruhe einen Mordanschlag zu vertuschen. Skip hat doch allen Ernstes geglaubt, daß der giftige Fluß von der Krankheit der Aborigines ablenken würde. Er meinte, daß alle glauben würden, die Leute im Dorf hätten Flußwasser getrunken.«
»Beinahe wäre es ihm ja gelungen«, warf Joe ein. »Wenn du nicht dauernd komische Fragen gestellt hättest, Philip,

dann wäre sicher niemand von uns auf so eine Idee gekommen.«
»Ach«, grinste Sternberg, »das liegt bei mir einfach im Blut. Ich kann nicht anders. Aber jetzt würde ich wirklich gern Urlaub machen.«
Budjirindjia sah den Kommissar ernst an.
»Wenn du einverstanden bist, Philip, dann zeige ich dir alle Tiere und Pflanzen in unserer Gegend. Jambadjimba läßt dich grüßen. Er will sich mit dir unterhalten und dir Geschichten erzählen. Geschichten aus der Traumzeit, als die Erde noch nicht die Erde war.«
»Danke, Budjirindjia. Ich nehme dein Angebot und die Einladung Jambadjimbas gerne an«, antwortete Sternberg und kraulte Dingo hinter den Ohren. Der Wildhund schloß seine Augen und hielt ganz still.
Joe räusperte sich.
»Mein Vater und ich möchten dir gern die Küste zeigen und in den Stirling Ranges mit dir wandern.«
»Ja!« sagte Sternberg. »Ich mache alles mit! Nur einen Tag lang möchte ich einfach unter einem Geister-Eukalyptus sitzen und übers Land schauen. Ich will herausfinden, warum dieses Land so unendlich groß und schön ist.«
Gregor lachte. »Du bist ja schon selbst ein halber Aborigine! Und dein Fall in Indonesien interessiert dich wohl gar nicht mehr? Deine Kollegin hat vorhin angerufen, als du unten am Fluß warst. Sie hat gesagt, daß alles in Ordnung sei. Die beiden nervösen Beamten in eurem Ministerium hätten sich tatsächlich das Geld mit dem indonesischen Manager geteilt.«
»Ach, das ist schön«, antwortete Sternberg. »Aber eigentlich ist es mir völlig egal. Australien ist so weit weg.«

*